INICIACIÓN A LA BOTÁNICA

J. L. FUENTES YAGÜE

INICIACIÓN A LA BOTÁNICA

Ediciones Mundi-Prensa

Ediciones Mundi-Prensa
Calle Velázquez, 31, 3º Dcha.
28001 Madrid (España)
Tel. (+34) 902 995 240
Fax (+34) 914 456 218
clientes@paraninfo.es

Depósito Legal: M-19.511-2001
ISBN: 978-84-7114-986-2
Impreso en España - Printed in Spain

Imprime: Liber Digital, S.L.

A Mari Carmen,
por su total dedicación

ÍNDICE

I. ANATOMÍA

II. FISIOLOGÍA

III. SISTEMÁTICA

IV. GENÉTICA

V. ECOLOGÍA

VI. FILOGENIA

INTRODUCCIÓN

Los seres vivos. La célula

Un ser vivo es algo que nace, crece, se reproduce y muere. Cualquier ser vivo intercambia materia y energía con el entorno; cuando cesa ese intercambio se produce la muerte.

La unidad estructural básica de los seres vivos es la *célula,* en donde se realizan las funciones necesarias para el mantenimiento de la vida. La palabra célula (del latín «cellulla»: celdilla) la empleó por primera vez el inglés R. Hooke, cuando con la ayuda de un modesto microscopio observó que un trozo de corcho tenía el aspecto de un panal de abejas con las celdillas poco profundas; a cada una de esas celdillas le dio el nombre de célula.

La célula es como una fábrica viviente en donde hay diferentes departamentos que realizan diversas funciones: acogida de materias primas procedentes del exterior, elaboración de nuevas moléculas, almacenamiento de reservas, eliminación de desechos, etc. Además, hay que garantizar la supervivencia, esto es, reproducirse mediante unas instrucciones adecuadas para que las células hijas sean idénticas a la célula original. Por eso dentro de cada célula existen numerosos *orgánulos* y cada uno de ellos ejerce una función relacionada con la actividad de la célula. Entre ellos destacan:

- *Núcleo.* Contiene el material genético y controla todas las funciones celulares, especialmente la fabricación de proteínas.
- *Ribosomas,* encargados de fabricar determinadas proteínas.
- *Mitocondrias,* responsables de la respiración celular, mediante la cual se obtiene energía a base de oxidar determinados elementos.
- *Lisosomas,* encargados de transformar las sustancias nutritivas en sus componentes más elementales.
- *Aparato de Golgi,* que se encarga de evacuar fuera de las células los productos (útiles o sobrantes) elaborados en la célula.

Los seres vivos pueden estar formados por una sola célula *(unicelulares)* o por muchas *(pluricelulares).* Los seres inferiores están formados por células aisladas o agregados no organizados de células, mientras que en los seres superiores las células se agrupan en unidades de mayor complejidad:

- *Tejido.* Conjunto de células que tienen origen común, una organización similar y desarrollan unas funciones determinadas. Ejemplo: la epidermis.
- *Organo.* Estructura vital, formada por varios tejidos, que ejerce una o varias funciones específicas. Ejemplo: la raíz.
- *Organismo.* Ser vivo organizado. En los seres superiores consta de varios órganos. Ejemplo: el pino.

Todas las células, ya sean de vida independiente (organismos unicelulares) o formando parte de un individuo, generan energía a partir de la luz solar o de los alimentos. Todas ellas almacenan energía en la molécula de ATP (adenosín trifosfato) y contienen ácidos nucleicos —ADN (ácido desoxirribonucleico) y ARN (ácido ribonucleico)— necesarios para el crecimiento y la reproducción.

El flujo de la materia y la energía en los seres vivos

La energía procedente del Sol mantiene todos los procesos climáticos y casi todas las formas de vida sobre la Tierra. Aproximadamente 1/3 de la energía que incide sobre la superficie terrestre se refleja sobre ella y vuelve al espacio. Una gran parte de los 2/3 restantes es absorbida por la superficie terrestre y transformada en calor, que se utiliza en la evaporación del agua, formación de vientos y nubes y demás procesos que condicionan el clima. Menos del 1% de la energía solar incidente se convierte, mediante un proceso que realizan las plantas y otros organismos poseedores de *clorofila,* en la energía que permite los procesos vitales.

Cuando una partícula de luz incide sobre una molécula de clorofila, ésta se desplaza a un nivel más alto de energía, para volver inmediatamente a su estado energético inicial. Una parte de la energía cedida por los electrones al regresar a su nivel energético original se convierte en energía química, que es la forma de energía utilizable por los seres vivos. Este proceso de transformación de la energía luminosa en energía química se llama *fotosíntesis* (del griego «photos»: luz, y «sintesis»: agrupar).

Salvo unas pocas excepciones, la vida en la Tierra depende de la capacidad de los organismos fotosintetizadores para captar la energía solar y transformarla en energía química. Esta energía química es utilizada por la propia planta, por los animales que se alimentan de ella y por otros animales que se alimentan de los anteriores.

Se llaman *autótrofos* (del griego «autos»: por sí mismo, y «trophos»: alimento) los organismos que toman sustancias inorgánicas pobres en energía (agua, dióxido de carbono, sales minerales) y las transforman en sustancias orgánicas ricas en energía, mediante la incorporación de energía libre. Según la fuente de esta energía, los seres vivos pueden ser:

- *Fotoautótrofos.* Utilizan como fuente de energía la luz solar. A este grupo pertenecen los organismos provistos de clorofila: las plantas, las algas y algunas bacterias.

- *Quimioautótrofos.* Utilizan como fuente de energía reacciones químicas sobre sustratos inorgánicos. Solamente algunas bacterias pertenecen a este grupo.

Los organismos *heterótrofos* (del griego «heteros»: diferente, y «trophos»: alimento) toman la energía de las sustancias orgánicas elaboradas a partir de los organismos autótrofos.

Cualquier cambio que se produzca dentro de los seres vivos debe conservar su estructura y evitar la alteración de sus componentes. No pueden utilizar las energías mecánica y eléctrica, porque romperían su estructura, ni tampoco la energía calorífica, que alteraría sus componentes. Unicamente pueden utilizar la energía química y, aun así, de un modo especial, puesto que necesitan la ayuda de unos catalizadores llamados *enzimas* (del griego «en»: dentro de, y «zime»: fermento) que incrementan la velocidad de las reacciones, pero permanecen inalterados en el proceso.

Todos los seres vivos necesitan sustancias orgánicas y energía para construir su propio organismo y regular su funcionamiento. El conjunto de los cambios de sustancia y transformaciones de energía que tienen lugar en los seres vivos recibe el nombre de *metabolismo* (del griego «metabole»: cambio). Consta de dos fases:

- *Anabolismo* (del griego «anabole»: progresión). Es la fase constructiva, que consiste en la formación o síntesis de sustancias complejas a partir de otras más simples. Este proceso requiere energía.
- *Catabolismo* (del griego «cata»: abajo, y «ballein»: echar). Es la fase destructiva, en la que se degradan sustancias complejas en otras más simples. Este proceso libera energía.

En presencia de oxígeno la degradación de sustancias complejas en otras más simples (oxidación de la materia orgánica) se produce de forma completa, dando como productos finales dióxido de carbono y agua; este proceso se llama *respiración*. En ausencia de oxígeno se produce una oxidación incompleta, llamada *fermentación*, en donde se obtienen otros productos orgánicos más sencillos, con menor rendimiento energético que en la respiración.

Clasificación de los seres vivos

Según el grado de organización celular, los seres vivos se dividen en dos grupos:

- *Procariotas* (del griego «pro»: antes, y «carion»: núcleo). Organismos unicelulares cuyas células no tienen núcleo ni orgánulos definidos.
- *Eucariotas* (del griego «eu»: verdadero, y «carion»: núcleo). Organismos unicelulares o pluricelulares cuyas células contienen núcleo y orgánulos bien definidos, para realizar las funciones de modo independiente.

Los virus carecen de estructura celular, no pueden realizar un metabolismo independiente (son parásitos), y aunque poseen ácidos nucleicos no pueden reproducirse por sí mismos fuera de las células que parasitan. Si se considera la posesión de ácidos nucleicos como única característica de los seres vivos, los virus se consideran como seres vivos acelulares.

Los seres vivos celulares se clasifican en 5 reinos:

- *Monera*. Organismos procariotas. Comprende las bacterias. Son anaerobios (del griego «a»: sin, «aeros»: aire, y «bios»: vida), es decir que viven en ausencia de oxígeno. Tienen reproducción asexual y su metabolismo es autótrofo o heterótrofo.
- *Protista*. Eucariotas unicelulares o pluricelulares. Comprende organismos muy diversos (algas, protozoos, mohos acuáticos). Su metabolismo es autótrofo o heterótrofo y muchos tienen reproducción sexual.
- *Fungi (hongos)*. Eucariotas pluricelulares (raramente unicelulares). Su cuerpo está formado por

una sucesión de células, llamadas *hifas* (del griego «hifa»: telaraña), cuyo conjunto constituye el *micelio* (del griego «mikes»: hongo). Reproducción sexual o asexual.

- *Plantae (plantas).* Eucariotas pluricelulares, fotoautótrofos, con tejidos muy diferenciados. Inmóviles. Presentan alternancia de generaciones: esporofito y gametofito.
- *Animalia (animales).* Eucariotas pluricelulares, heterótrofos, con tejidos muy diferenciados. Reproducción sexual. Dotados de movilidad y sensibilidad.

La botánica

La botánica (del griego «botane»: hierba) es la ciencia que estudia las plantas. Sus disciplinas más importantes son:

- *Anatomía.* Estudia la forma, estructura y variabilidad del cuerpo de las plantas.
- *Fisiología.* Estudia las funciones de las plantas.
- *Sistemática.* Estudia la clasificación de las plantas.
- *Genética.* Estudia la herencia.
- *Ecología.* Estudia las plantas en su relación con el medio ambiente.
- *Filogenia.* Estudia el origen y evolución de los distintos grupos de plantas.

I. ANATOMÍA

1. La célula y los tejidos de las plantas

La célula de las plantas

La célula de las plantas se compone de dos partes: *la pared celular* y el *protoplasto*. Este, a su vez, consta de:

- *Protoplasma*. Es el contenido vivo de la célula. Está limitado exteriormente por una membrana (membrana plasmática).
- *Sustancias pasivas,* elaboradas en los distintos orgánulos de la célula. Entre estas sustancias destacan: almidón, lípidos, proteínas, ceras, taninos, etc.

La pared celular se forma con productos segregados por el protoplasma, pero una vez formada la pared el protoplasto puede desaparecer, como ocurre en las células que desempeñan funciones conductoras o de sostén.

Los protoplastos de células contiguas se comunican entre sí a través de unos diminutos agujeros de la pared celular, por lo cual todos los protoplastos de una planta forman un conjunto llamado *simplasto* (del griego «sin»: con, y «plastos»: formado).

Uno de los rasgos más característicos del protoplasto es la presencia de unas membranas semipermeables, que sólo permiten el paso selectivo de ciertos iones y moléculas.

En ocasiones las células no contactan por completo, sino que dejan entre ellas unos espacios intercelulares. Estos espacios, junto con las paredes celulares y las cavidades que dejan los protoplastos al desaparecer, forman un conjunto llamado *apoplasto* (del griego «apo»: sin, y «plastos»: formado).

La célula de las plantas, semejante a la de los animales, se diferencia de ésta por la presencia de tres estructuras propias relacionadas con la fotosíntesis: la pared celular, los plastos y la vacuola.

La pared celular

La pared celular es una cubierta continua en donde tienen lugar numerosos procesos físicos y químicos, por lo que se considera como un orgánulo más. Esta pared impide que el protoplasto adquiera un gran tamaño y se rompa, a la vez que ejerce una función de sostén de la parte aérea de la planta, lo que permite crear una estructura que incrementa la superficie aérea, con lo cual la planta puede captar mayor cantidad de energía luminosa.

En la pared de una célula madura se diferencian tres partes, que desde fuera hacia dentro son: una parte común a dos células contiguas (lámina media), la pared primaria y la pared secundaria.

La *pared primaria* inicialmente es plástica y extensible, lo que permite el crecimiento de la célula. Las células que conservan el protoplasto sólo tienen esta pared, cuyo grosor depende de la función de la célula a que pertenece. Está formada mayoritariamente por *celulosa,* sustancia que representa la mitad de la biomasa terrestre; es el polímero natural más utilizado, ya sea de forma natural (madera, papel, fibras textiles, etc.) o en sus productos derivados (nitratos de celulosa utilizados en fibras artificiales, plásticos, pinturas, etc.).

La *pared secundaria,* compuesta por capas sucesivas, se forma en las células que en su madurez pierden el protoplasto después de haberse formado esta pared. Sobre una trama celulósica, la pared secundaria incorpora *lignina,* que incrementa su rigidez y resistencia mecánica, lo que proporciona a los troncos de los árboles una gran solidez; además, al ser la lignina una sustancia inerte disminuye el riesgo de que los troncos sufran pudrición interna. Junto con la celulosa, este compuesto representa el 70% de la biomasa terrestre.

La intercomunicación celular se produce mediante agujeros situados en la pared celular.

Los espacios intercelulares (meatos) se forman como consecuencia de la separación de las paredes celulares contiguas o a causa de la rotura de células enteras. Estos espacios ocupan a veces un volumen considerable, como ocurre en las hojas, lo que facilita la circulación de gases en los procesos de respiración y fotosíntesis.

Los plastos

Los plastos (del griego «plastos»: formador) son orgánulos muy dinámicos que elaboran diversas sustancias. Según la naturaleza de las sustancias formadas y/o almacenadas se diferencian varias clases de plastos:

- *Cloroplastos* (del griego «cloros»: verde). Elaboran la *clorofila,* de color verde, capaz de captar la energía luminosa para elaborar compuestos carbonados a partir de agua y dióxido de carbono. Con el fin de optimizar la fotosíntesis el cloroplasto contiene un abundante y complejo sistema de membranas internas, que proporcionan una gran superficie captadora de la luz. Los cloroplastos están presentes en los tejidos verdes; faltan en las raíces.
- *Cromoplastos* (del griego «cromo»: color). Elaboran y almacenan pigmentos caroteniodes, responsables del color amarillo, anaranjado o rojo de algunos órganos, tales como: la raíz de la zanahoria, los pétalos de las flores, la epidermis de los frutos, etc. En ocasiones los cloroplastos se transforman en

cromoplastos, como sucede, por ejemplo, en el fruto del tomate, que al madurar pasa de color verde a rojo.

- *Leucoplastos* (del griego «leucos»: blanco). Sintetizan y/o almacenan sustancias de color blanco, tales como: almidón, proteínas y lípidos.

La vacuola

La vacuola es un orgánulo que desempeña varias funciones:

- Permite una gran superficie de contacto entre el protoplasto y la pared celular.
- El agua que entra en la célula pasa a la vacuola, con lo cual ésta aumenta de volumen y empuja a los demás componentes celulares hacia la pared celular. De esta forma se mantiene la rigidez de los tejidos y se favorece el crecimiento celular.
- Almacena diferentes sustancias de reserva, que posteriormente son movilizadas.
- En ocasiones acumula productos tóxicos resultantes del metabolismo celular. Estos productos quedan inmovilizados para la célula, pero son tóxicos para parásitos y herbívoros, lo que representa una defensa de la planta contra estos organismos.

Al principio de la diferenciación celular suele haber numerosas vacuolas pequeñas que se reúnen en una sola cuando la célula se hace adulta, pudiendo llegar a ocupar hasta el 90% del volumen celular.

División celular

Los organismos celulares provienen de una sola célula reproductora. La división repetida de esta célula y de las que proceden de ella da lugar al organismo. En las plantas superiores el proceso de formación de nuevas células, que se mantiene durante toda la vida de la planta, se localiza en unos determinados tejidos llamados *meristemas.*

Los *cromosomas,* situados en el núcleo, contienen a los *genes* (del griego «genos»: origen), que poseen la información correspondiente de las características de cada individuo.

Todas las células de un individuo (excepto las células sexuales) contienen un mismo número par de cromosomas. Cada dos cromosomas son semejantes *(cromosomas homólogos),* por lo que cada célula contiene dos juegos de cromosomas, excepto las células sexuales, que contienen un solo juego de cromosomas.

Las células que contienen doble juego de cromosomas (2n) se llaman *diploides* (del griego «diplos»: doble), mientras que las que contienen un solo juego (n) se llaman *haploides* (del griego «haplos»: sencillo).

En la división celular se diferencian dos procesos distintos:

- *Mitosis* (del griego «mitos»: filamento, referido a los filamentos que se forman durante el proceso de división celular). Cada una de las dos células hijas contiene el mismo número de cromosomas que la célula madre. Esta división ocurre tanto en células haploides como en diploides.
- *Meiosis* (del griego «meiosis»: disminución). Cada una de las células hijas contiene la mitad de cromosomas que la célula madre. La célula madre es diploide y las células hijas son haploides. La célula original se divide dos veces, dando lugar a cuatro células hijas haploides, llamadas *meiosporas* (del griego «espora»: semilla).

La meiosis origina en el ciclo de las plantas dos fases o generaciones sucesivas y distintas en cuanto a la dotación cromosómica:

- *Esporofito* (del griego «espora»: semilla, y «phyton»: planta). Es la generación diploide. En el cuerpo del esporofito se forman unas estructuras especializadas en donde ocurre una meiosis que da lugar a las *meiosporas,* haploides.

- *Gametofito.* Es la generación haploide, resultado de las divisiones de las meiosporas. En el cuerpo del gametofito se forman unas estructuras reproductoras que dan lugar a los *gametos* (del griego «gametes»: marido). La unión de dos gametos de distinto sexo origina de nuevo la generación diploide.

Las meiosporas y los gametos son las células reproductoras. Una meiospora, después de mitosis sucesivas origina la generación haploide. Dos gametos de distinto sexo que se unen *(fecundación)* forman un *cigoto* (del griego «cigos»: pareja) diploide, que tras divisiones sucesivas da lugar a la generación diploide. En las plantas superiores las dos generaciones adquieren una forma muy distinta.

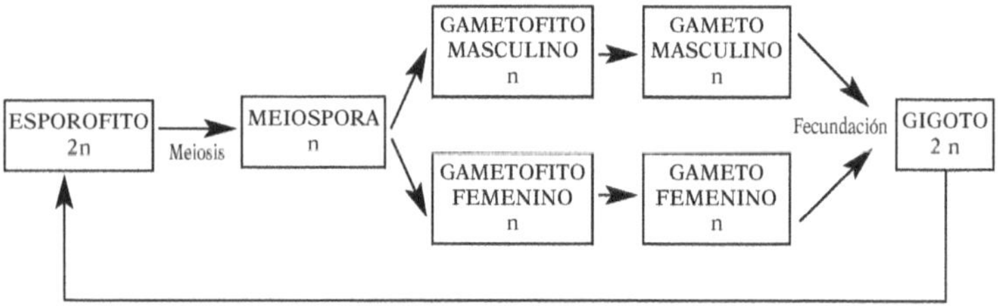

Esquema de las generaciones esporofito y gametofito, que se alternan sucesivamente.

Los tejidos de las plantas

Un *tejido* es un conjunto de células que tienen un origen común, una organización similar y desarrollan unas determinadas funciones. Según la función que desempeñan se clasifican de la forma siguiente:

- *Tejidos formadores o meristemas.* Son los responsables del crecimiento de la planta.

- *Tejidos fundamentales.* Desempeñan funciones diversas, entre las que destacan: fotosíntesis, elaboración de sustancias y almacenamiento de las mismas.
- *Tejidos conductores.* Su misión principal consiste en transportar sustancias diluidas.
- *Tejidos de recubrimiento.* Recubren y protegen las partes externas de la planta.
- *Tejidos secretores.* Producen o acumulan diversos productos que no se incorporan al metabolismo fundamental.

Las plantas no han desarrollado un sistema eficaz de conducción del oxígeno hacia las células, por cuyo motivo sus tejidos tienen poco espesor. Por ejemplo, la parte viva del tronco de los árboles se reduce a unos pocos milímetros, mientras que el resto son tejidos muertos. Otro claro ejemplo son las hojas, aunque en este caso se trata también de formar una gran superficie captadora de la luz solar.

Meristemas

A lo largo de la germinación las células del embrión experimentan una serie de divisiones que dan lugar a la diferenciación de la raíz y el tallo. Una vez diferenciadas estas dos estructuras, en los extremos de ambas permanecen unos conjuntos de células con gran actividad reproductora que perdura durante toda la vida de la planta. Estos conjuntos de células constituyen los tejidos formadores o *meristemas* (del griego «merizo»: dividir), que en realidad se comportan como unos tejidos embrionarios permanentes.

Los meristemas son los tejidos vegetales encargados de formar los demás tejidos de la planta. Esta capacidad perdura durante toda la vida de la planta —aunque pueden existir períodos de descanso— y por eso las plantas adultas tienen tejidos adultos y tejidos juveniles, a diferencia de los animales, cuyo crecimiento se detiene al llegar al estado adulto.

La división celular se realiza con un ritmo y una organización precisos, determinados genéticamente en cada especie. Al dividirse cada célula meristemática origina otras dos: una de ellas queda como meristemática y la otra evoluciona hacia una diferenciación que se hace tanto más acusada cuanto más se aleja del punto original. La posición de estas últimas células dentro de la planta condiciona su posterior evolución, ya que la información que reciben de las células vecinas sirve de guía para que se produzcan diferenciaciones acordes con la misión que han de desempeñar: conducción, secreción, etc.

Las células de los meristemas son *totipotentes,* esto es, que las células derivadas de ellas pueden diferenciarse para originar cualquier tejido de la planta. Por ejemplo, las células que se derivan de los meristemas apicales del tallo producen vástagos con hojas, pero en determinadas condiciones pueden producir raíces.

Según su origen, los meristemas se clasifican en:

- *Primarios.* Proceden directamente de las células embrionarias y originan tejidos primarios. Son responsables, sobre todo, del crecimiento en longitud.
- *Secundarios.* Proceden de células que han mantenido su condición reproductora, o que ya habían alcanzado una determinada diferenciación y regresan de nuevo a su condición embrionaria. Originan tejidos secundarios y son responsables del crecimiento en grosor.

Según la posición que ocupan en la planta, los meristemas se clasifican en:

- *Apicales.* Situados en los extremos del tallo y la raíz.
- *Intercalares.* Situados en el exterior de la planta pero en posición no apical; por ejemplo, en las axilas de las hojas o de las ramas, en los entrenudos, etc.
- *Laterales.* Se sitúan en la zona periférica a lo largo del tallo o de la raíz, formando unos anillos concéntricos.

Los meristemas apicales del tallo originan células que posteriormente se diferencian en hojas y otros tejidos. Los puntos donde se sitúan las hojas se llaman *nudos;* la zona comprendida entre dos nudos se llama *entrenudo.*

Los meristemas situados en los entrenudos son los que aportan el mayor crecimiento en longitud, de forma que si esos meristemas se inactivan se producen plantas enanas. En la axilas de las hojas se diferencia un meristema axilar, que origina un tallo lateral; estos meristemas son muy frecuentes en las plantas que tienen un crecimiento secundario, lo que incrementa la expansión aérea de la planta.

Los meristemas secundarios, propios de las plantas leñosas, son de dos clases (fig. 1-1):

- *Cambium.* Es el más interior. Origina los tejidos conductores: los vasos leñosos hacia el centro (leño) y los vasos liberianos (líber) hacia fuera. En regiones con épocas desfavorables para la actividad biológica, el cambium interrumpe su actividad temporalmente, para reiniciarla en épocas favorables. Esto origina que la madera de algunas especies presente unos anillos concéntricos, que se corresponden cada uno de ellos con el crecimiento en grosor durante la estación favorable anual.
- *Felógeno* (del griego «phellos»: corcho, y «genea»: origen). Es el más periférico. Origina hacia el exterior un tejido protector (suber o corcho) y hacia el interior un parénquima de corteza.

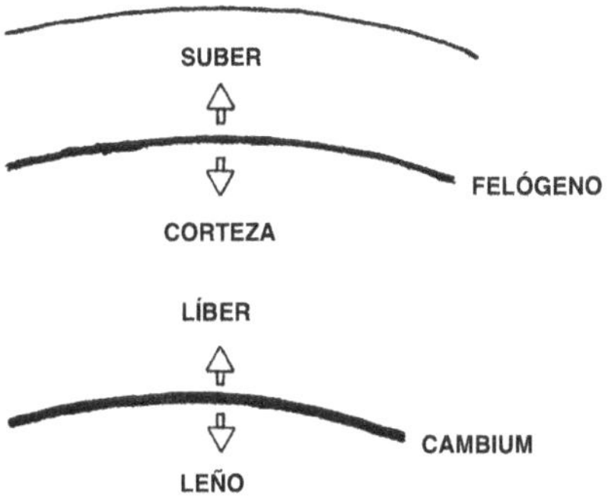

Fig. 1-1. *Esquema de los tejidos del tallo.*

Tejidos fundamentales

Las tres categorías de los tejidos correspondientes a este grupo son: parénquima, colénquima y esclerénquima.

Parénquima

El parénquima (del griego «parenchima»: sustancia de relleno) comprende tejidos muy variados, que realizan funciones diversas, entre las que destacan la fotosíntesis y la elaboración y almacenamiento de sustancias. Por lo general ocupan la parte más voluminosa de los órganos vegetales, tales como la médula y la corteza de tallos y raíces, el mesofilo de las hojas, la pulpa de los frutos, etc.

Según la función que desempeñan se diferencian varias clases de parénquima:

- *Parénquima clorofílico.* En él se realiza la fotosíntesis. Está muy desarrollado en el limbo de las hojas, pero también se encuentra en el pecíolo de las mismas, tallos jóvenes y otras partes verdes de la planta.
- *Parénquima de almacenamiento.* Almacena diversas sustancias: hidratos de carbono (por ejemplo, en la patata), proteínas (por ejemplo, en la lenteja), grasas (por ejemplo, en la aceituna), etc. Abunda en las especies que tienen períodos de reposo y deben almacenar sustancias de reserva para emitir nuevos brotes cuando las condiciones del medio vuelven a ser favorables. Los frutos, las semillas y los tubérculos tienen un importante parénquima de almacenamiento.
- *Parénquima aerífero.* Contiene unos grandes espacios intercelulares donde se almacena aire para facilitar la respiración celular. Está muy desarrollado en las plantas que viven en ambientes acuáticos o muy húmedos.
- *Parénquima acuífero.* Almacena agua. Es característico de las plantas que viven en ambientes muy secos.

Colénquima

El colénquima (del griego «kolla»: cola, y «enchima»: sustancia) es un tejido que actúa como sostén de los órganos jóvenes que crecen en el aire. Sus células tienen una gruesa pared flexible y muy resistente, cuya plasticidad se va perdiendo a medida que la planta se hace adulta.

Esclerénquima

El esclerénquima (del griego «escleros»: duro, y «enchima»: sustancia) es un tejido de sostén de los órganos adultos cuando ya apenas crecen. Sus células, que acaban por morir porque pierden el protoplasto, tienen una pared muy gruesa y enormemente resistente, debido a la acumulación de lignina. Se presentan aisladas (como ocurre en algunos frutos: pera, membrillo) o en grupos formando *fibras* (como ocurre en el cáñamo, esparto, lino, ramio, pita, etc.), que se utilizan en la confección de cuerdas, suela de calzado, prendas de vestir, etc. Cuanto menor cantidad de lignina tiene la fibra, tanto mayor es su valor textil, como es el caso del lino y el ramio; en cambio el esparto, el cáñamo y la pita tienen una fibra muy basta, utilizada en la fabricación de cuerdas, suela de calzado, etc.

Tejidos conductores

Estos tejidos están constituidos por unas *células conductoras,* cuya misión consiste en transportar sustancias a gran distancia, y *células acompañantes,* con misiones variadas: almacenamiento de sustancias de reserva, sostén de los tejidos vasculares y, a veces, función secretora, como es el caso de los conductos resiníferos o los conductos laticíferos.

Las células conductoras se caracterizan por cumplir una serie de condiciones:

- Son de gran longitud y se disponen unas a continuación de otras para formar conductos (vasos conductores).

- Tienen dispositivos en sus membranas que permiten el paso de sustancias a otras células que no son conductoras.
- Sus paredes son muy resistentes, para no deformarse con la presión de los líquidos.

El transporte del agua y sales minerales absorbidas por las raíces *(savia bruta)* lo realizan los vasos conductores del *xilema o leño,* mientras que el transporte de los productos elaborados en la fotosíntesis *(savia elaborada)* lo realizan los vasos conductores del *floema o líber.* Las células conductoras del floema conservan el protoplasto, mientras que las células conductoras del xilema lo pierden en la madurez.

El xilema

El xilema (del griego «xylon»: madera) es el tejido encargado de la conducción de la savia bruta. En las hojas y en los tallos y raíces jóvenes se forma xilema primario. En los tallos viejos y en el cuello (zona de transición de la raíz al tallo) se forma xilema secundario, que constituye la madera.

En los árboles que tienen reposo invernal, el xilema que se forma en primavera es menos denso que el formado en otoño, por cuyo motivo la nueva capa de madera formada en primavera tiene una tonalidad distinta a la que se formó en el otoño anterior, lo que da lugar a los *anillos de crecimiento* que se observan en la sección transversal del tronco, que permiten conocer la edad del árbol. Las plantas que crecen en zonas de clima favorable durante todo el año no presentan esa diferenciación anular.

Según sus características funcionales, en el xilema secundario se diferencian dos zonas:

- *Albura.* Tiene un color claro y ocupa los anillos más externos.
- *Duramen.* Suele tener un color más oscuro y ocupa los anillos interiores.

Cuando se interrumpe la columna de agua en los elementos conductores, éstos dejan de funcionar como tales, ya que normalmente no se recupera la facultad de transportar. Esta facultad dura más o menos tiempo: en condiciones de sequía la interrupción del transporte se puede producir en el primer año de su formación, mientras que en clima lluvioso el transporte de savia perdura varios años. Por lo general los anillos más exteriores de la albura son funcionales, mientras que los interiores dejan de serlo. Las células del duramen han perdido la facultad de transporte, y su misión principal consiste en contribuir a sostener la parte aérea de la planta.

A partir de una cierta edad del árbol la parte más interior de la albura se va transformando en duramen, con lo cual éste aumenta progresivamente de volumen.

El floema

El floema (del griego «floios»: corteza de árbol) es el tejido encargado de la conducción de la savia elaborada. En las plantas herbáceas sólo existe floema primario, mientras que el floema secundario se encuentra en las plantas con crecimiento secundario, salvo en las palmeras y otras plantas arbóreas monocotiledóneas.

Los elementos conductores del floema están formados por células vivas, pero por lo general sólo son funcionales durante una estación; pasado ese tiempo se hacen inactivas, debido a depósitos de una sustancia (calosa) que obtura los poros de comunicación entre las células. Las células próximas al cambium continúan activas.

En el floema la actividad periódica del cambium no origina anillos de crecimiento, como en el xilema, debido a que no hay diferencia entre el floema de primavera y el de otoño. Cada año se inactiva el floema formado en el año anterior, lo que pone de manifiesto que la parte viva de los troncos se reduce a unos pocos milímetros cercanos a la corteza.

Tejidos de recubrimiento

Estos tejidos recubren y protegen las partes externas de la planta. Sus principales misiones son las siguientes:

- *Regulación hídrica.* En la parte subterránea de la planta, estos tejidos facilitan la absorción de agua, y en la parte aérea evitan una desecación excesiva, a la vez que permiten el intercambio de gases necesarios para la fotosíntesis y la respiración.
- *Protección contra organismos fitófagos.* La sequedad del recubrimiento aéreo impide la germinación de esporas de hongos y bacterias, y su dureza dificulta la masticación o perforación que practican los insectos. Incluso, a veces, aparecen adaptaciones para impedir o minorar la ingestión de la planta por animales herbívoros.
  Por lo general las plantas producen excedentes de biomasa, lo que permite su supervivencia aunque los *fitófagos* (del griego «phitos»: planta, y «fagos»: comer) hayan consumido una parte de esa biomasa. Sin embargo, la supervivencia de un grupo más o menos numeroso de individuos peligra cuando se rompe el equilibrio entre el vegetal y el fitófago. Esto ocurre cuando se incrementa con exceso la población del fitófago (dando lugar a plagas y enfermedades), o cuando se incrementa la población de animales herbívoros de tal forma que no dan tiempo a la planta a recuperarse.
- *Protección selectiva contra la radiación solar.* El tejido de recubrimiento protege del exceso de radiación infrarroja y ultravioleta, que pueden causar daños por sobrecalentamiento y desnaturalización de la clorofila, respectivamente.

La *epidermis* es el tejido de recubrimiento de las plantas herbáceas y algunas leñosas (palmeras y otras monocotiledoneas perennes); en las demás plantas leñosas la epidermis es sustituida por la *peridermis,* que es el tejido de recubrimiento de los tejidos secundarios.

La epidermis, constituida generalmente por una sola capa de células, en la parte superficial forma la *cutícula*, constituida mayoritariamente por cutina, sustancia que confiere a esta cubierta unas cualidades peculiares: es hidrófuga e indigerible, impide la salida del agua de las células y refleja el exceso de radiación solar. En ocasiones esta acción protectora se refuerza con ceras.

La continuidad de la cutícula se interrumpe en los *estomas* (del griego «estoma»: boca), estructuras formadas por unas células que controlan la apertura y cierre de un orificio llamado *ostiolo* (del latín «ostium»: puerta), por donde tiene lugar el intercambio gaseoso con el exterior (dióxido de carbono procedente del exterior, y oxígeno y vapor de agua procedente del interior). Los estomas se sitúan en todas las partes verdes de la planta, aunque abundan más en las hojas.

Los pelos son células epidérmicas que se forman en todas las partes de la planta. Cuando son muy abundantes contribuyen a reducir la transpiración, dificultan el movimiento de los insectos fitófagos y evitan que las esporas de los patógenos lleguen a la superficie de los órganos. Algunos pelos segregan sustancias diversas: aromáticas (romero, tomillo), urticantes (ortiga).

La epidermis de la raíz contiene los *pelos radicales*, que sirven para la absorción de agua y nutrientes. Son numerosísimos y mueren a los pocos días de su formación, siendo reemplazados por nuevos pelos que se van diferenciando en las proximidades del ápice.

La peridermis está constituida por células cuyas paredes tienen una gran acumulación de suber o corcho. Con posterioridad el protoplasto de estas células desaparece, quedando sólo las paredes suberizadas, que forman un conjunto llamado *felema*, impermeable y con gran resistencia al ataque de enzimas. El felema tiene un espesor considerable en algunas especies (alcornoque, encina, roble), mientras que en otras es más delgado y se desprende en forma de placas (abedul, plátano, eucalipto). El corcho comercial, que es el felema del alcornoque, protege a la planta de los incendios forestales, ya que las yemas pueden brotar después del incendio. La corteza del pino sólo protege cuando el fuego se produce en el suelo, sin alcanzar las copas de los árboles.

Tejidos secretores

Estos tejidos están formados por células con capacidad de sintetizar sustancias que no se incorporan al metabolismo fundamental. Estas sustancias, unas veces se acumulan y otras se expulsan mediante un proceso de secreción; entre ellas se incluyen aceites, carotenoides, caucho y resinas. En algunos casos se elaboran productos llamados *aleloquímicos* (del griego «alelos»: uno frente a otro), que actúan sobre otras especies animales o vegetales. Es el caso, por ejemplo, de las sustancias que atraen a los insectos polinizadores o aquellas otras que dan mal sabor a los tejidos para impedir que sean consumidos por los animales herbívoros.

Con arreglo a la función que desempeñan y la naturaleza de los productos secretados, los tejidos secretores se pueden clasificar así: laticíferos, canales resiníferos y otras estructuras y células secretoras.

Laticíferos

Los laticíferos secretan el *látex,* una mezcla de diversos compuestos (carbohidratos, alcaloides, aceites, terpenos, etc.) cuya misión consiste en proteger a la planta del ataque de los fitófagos. En algunos casos el laticífero está formado por una sola célula muy larga, como ocurre en el cáñamo, la ortiga, la higuera, etc., mientras que en otros está formado por una agrupación de células, como ocurre en *Achras sapota* (de donde se obtiene la goma natural de mascar), la adormidera (que secreta el opio, de donde se obtiene la morfina) y *Hevea brasiliensis* (que secreta un látex que contiene una cuarta parte de caucho).

Canales resiníferos

Estos canales secretan la resina (formada por una mezcla de ácidos resínicos, aceites, alcoholes, etc.) cuya misión consiste en defender a la planta frente a insectos fitófagos y hongos.

Los canales resiníferos son muy abundantes en las coníferas. En los pinos, los más abundantes se localizan en el xilema, en la zona de transición entre el leño temprano y el leño tardío. Su secreción es la *miera,* de cuya destilación salen el aguarrás o esencia de trementina (utilizado como disolvente de pinturas y para la síntesis de diversos productos: lubricantes, medicamentos, aromatizantes, etc.) y la colofonía (utilizada para la fabricación de tintas, jabones, colas, etc.). La explotación del pino resinero *(Pinus pinaster)* ha estado orientada a la obtención de resina, aunque en la actualidad esta práctica apenas se realiza, ya que la síntesis de productos similares a los obtenidos de la resina resulta más barata a partir del petróleo.

Otras estructuras y células secretoras

Los *hidatodos* (del griego «hidatodes»: acuoso), situados en el ápice o los márgenes de las hojas secretan agua mediante un proceso llamado *gutación* (del latín «gutare»: gotear). Son propios de las plantas que viven en ambientes húmedos.

Los nectarios secretan el *néctar* (del griego «nectar»: bebida de los dioses), solución azucarada que atrae a los animales polinizadores.

Los *pelos urticantes* secretan histamina a otras sustancias que provocan inflamaciones en los animales que contactan con ellos. Los más característicos son los de la ortiga.

Los *osmóforos* (del griego «osmos»: impulso, y «phoros»: portador) secretan sustancias de olores atrayentes, para facilitar la polinización por insectos.

Las *células taníferas* secretan taninos, sustancias muy astringentes que disminuyen la digestibilidad cuando son ingeridas por los animales herbívoros.

Las plantas aromáticas secretan aceites esenciales, volátiles, que salen al exterior a través de los estomas. Algunos de ellos ahuyentan a los insectos fitófagos.

Algunas pocas especies (como *Drosera)* tienen unas glándulas digestivas capaces de digerir a pequeños animales que capturan. Con ello, estas plantas —que son fotosintéticas— obtienen algún complemento nutritivo que no pueden obtener en los suelos pobres donde habitan.

LECTURA

Las células de las plantas

Las células son para las plantas el equivalente de los ladrillos en la construcción de un edificio, con la ventaja de que estos ladrillos vegetales son tan elásticos que pueden adaptarse perfectamente a cualquier forma angulosa para perfilar los más pequeños detalles. Por otro lado, son tan diversas que constituyen el mejor material que pueda imaginarse para la construcción vegetal.

Cuando se necesita una gran firmeza, la célula pierde elasticidad y almacena celulosa en sus paredes, con lo cual resulta una formación blanda o dura, según las circunstancias. La dureza de las células leñosas puede competir con la resistencia del hueso o de la piedra. Por otro lado, cuando una parte del edificio vegetal ha de ser liviano, de modo que las células sirvan únicamente para rellenar espacios vacíos, éstas se llenan de aire y se unen unas a otras formando un tejido flojo y ligero.

En las partes donde se precisa que la obra tenga una gran resistencia a la tracción, la célula se alarga y se convierte en un hilo, a la vez que los extremos de unas enlazan con los extremos de otras, con lo que resultan unos cordones casi irrompibles. El cáñamo, el lino, el algodón, el yute, etc. se emplean como fibras textiles, debido a estas propiedades.

En otros casos, las células se unen a otras por los extremos, a la vez que se impermeabiliza la pared, de modo que se transforman en unos tubos que permiten la circulación del agua y de otros jugos. Los tejidos conductores por donde circula la savia, y aquellos otros conductos por donde circulan productos de secreción, tales como las resinas, pertenecen a esta clase de células.

Fijémonos ahora en una construcción de hierro. Por lo general se utilizan formas huecas en vez de macizas para la construcción de soportes y columnas; es decir, que un tubo que tenga las paredes no demasiado delgadas es casi tan resistente como si fuera macizo. Este ahorro de material se observa frecuentemente en la naturaleza, como es el caso de los cereales, cuyos tallos huecos tienen una gran resistencia a los esfuerzos de flexión.

En muchos casos, la planta ha aumentado las ventajas de la forma tubular, como lo demuestra el hecho de que los tubos conductores de savia, en lugar de formar toda su pared del mismo grosor se engruesan las células solamente a lo largo de una línea espiral, o llevan sobrepuesta una red de células más condensadas. En este caso, la economía de material se combina con una mayor eficiencia técnica. Sólo de este modo es posible levantar obras tan grandiosas como son los eucaliptos australianos, cuya altura puede sobrepasar los 150 metros, o los árboles «mamut» americanos, que miden más de 100 metros de altura.

2. LOS ÓRGANOS DE LAS PLANTAS

La raíz

La raíz es el órgano subterráneo de las plantas vasculares. Sus principales funciones consisten en fijar la planta al suelo y absorber el agua y las sales minerales contenidas en el suelo.

En muchas plantas se forman una o varias *raíces primarias,* que salen del tallo, y varias raíces de menor porte, llamadas *raíces secundarias,* que salen de la raíz o raíces primarias. A su vez, de las raíces secundarias salen otras más pequeñas, y así sucesivamente. El conjunto de todas las raíces de una planta constituye el *sistema radical.*

Morfología de la raíz

En el exterior de la raíz se diferencian las siguientes zonas, desde el ápice hasta la base (fig. 1-2).

- *Cofia.* Es una especie de dedal situado en el extremo inferior, que tiene por misión proteger al meristema apical del roce contra el suelo.
- *Zona de crecimiento.* En ella tiene lugar el crecimiento de las células que se forman en el meristema apical.

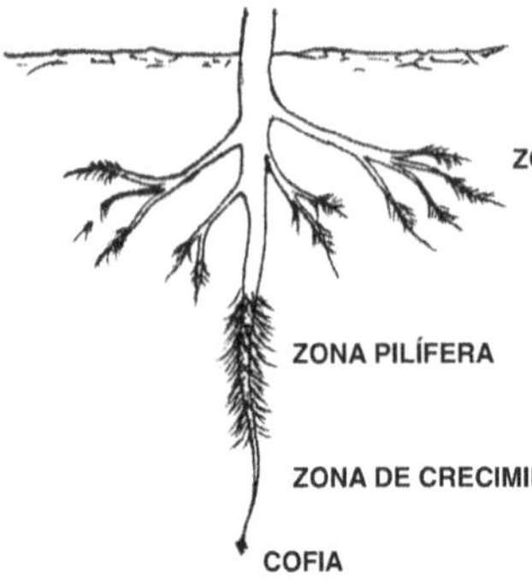

Fig. 1-2. *Zonas de la raíz.*

- *Zona pilífera.* Contiene numerosos pelos, cortos y finos, que absorben el agua y las sales minerales. Esta zona se traslada continuamente hacia el extremo de la raíz, ya que la actividad de los pelos absorbentes dura unos pocos días. En la proximidad de la zona de crecimiento se van formando continuamente nuevos pelos absorbentes, a la vez que los más alejados de esa zona mueren y se desprenden.
- *Zona suberosa.* Es la zona más próxima a la base del tallo. Está recubierta por súber, que sustituye a los pelos absorbentes cuando éstos se han desprendido. Es esta zona se forman las raíces laterales.

Según su desarrollo en profundidad, el sistema radical puede ser (fig. 2-2):

- *Pivotante.* Predomina una raíz principal, que se ramifica en otras de menor tamaño. Ejemplo: la alfalfa.
- *Fasciculado.* Hay muchas raíces que salen del tallo y alcanzan todas ellas la misma longitud, aproximadamente. Ejemplo: el trigo.

Desde el punto de vista de su origen, las raíces pueden ser:

- *Normales.* Salen del extremo inferior del tallo o de otra raíz.

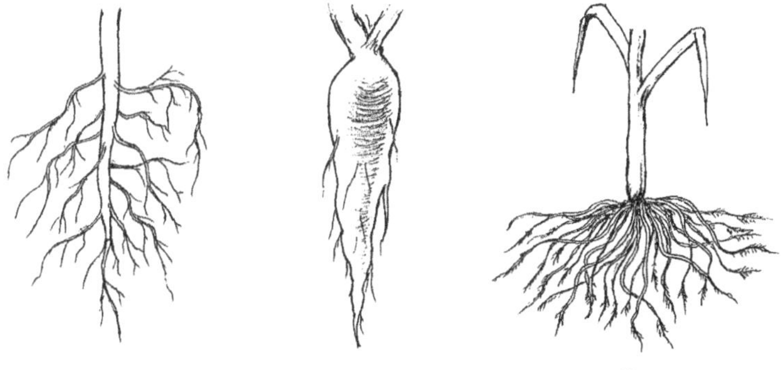

Fig. 2-2. *A) Raíces pivotantes de la judía y la zanahoria. B) Raíz fasciculada del trigo.*

- *Adventicias.* Salen de otro sitio distinto al habitual. Por ejemplo, en las gramíneas (trigo, cebada, maíz, etc.), las raíces normales tienen un crecimiento limitado y su labor es reemplazada por raíces adventicias que salen de los primeros nudos del tallo (fig. 3-2). La hiedra se fija a los muros mediante unas raíces adventicias que salen a lo largo del tallo; estas raíces no son absorbentes, pero sí lo son las raíces normales de esta planta.

Nódulos radicales y micorrizas

Las plantas utilizan el nitrógeno contenido en el suelo, pero no pueden utilizar directamente el nitrógeno del aire. Solamente algunas plantas pueden hacerlo por intermedio de algunos microorganismos que viven en simbiosis con ellas. El microorganismo simbionte invade la raíz de la planta a través de sus pelos absorbentes provocando una proliferación de los tejidos internos *(nódulos radicales),* en donde el microorganismo absorbe el nitrógeno atmosférico con ayuda de la energía suministrada por la planta.

El ejemplo más significativo de esta simbiosis es el de las plantas leguminosas con las bacterias del género *Rhizobium.* La planta aporta a la bacteria los hidratos de car-

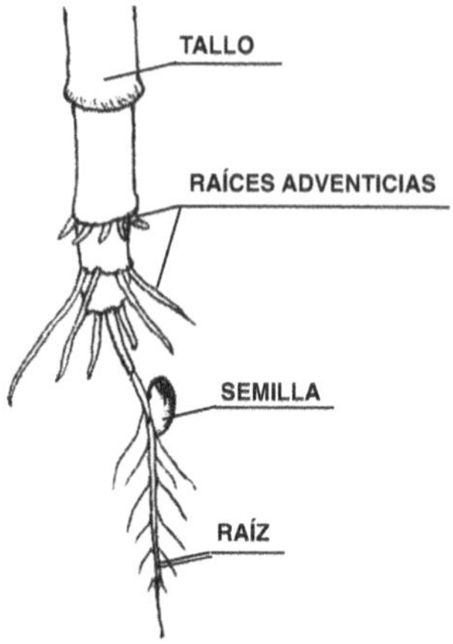

Fig. 3-2. *Raíces de las gramíneas.*

bono, que proporcionan la energía necesaria para el proceso, y la bacteria cede a la planta el nitrógeno absorbido, que le sirve de base para formar sus proteínas.

Las *micorrizas* son asociaciones simbióticas de ciertos hongos del suelo con las raíces de muchas plantas. La planta cede al hongo hidratos de carbono, y el hongo proporciona a la planta un aumento de su capacidad para absorber agua y algunos elementos nutritivos, especialmente fósforo.

Las raíces de una planta micorrizada exploran un volumen de suelo mucho mayor que cuando no hay micorrizas. Además, el hongo segrega unos enzimas que facilitan a la planta la absorción de nutrientes. Todo ello se traduce en un incremento de la biomasa de la planta, tanto de la parte aérea como del sistema radical. Por otra parte, el hongo, al desarrollar sus propias defensas, impide el desarrollo de otros posibles competidores, con lo cual la planta hospedadora resulta más resistente a organismos patógenos.

El tallo

El tallo comprende la parte área de las plantas vasculares. En él se sitúan las *yemas,* que dan lugar a las ramificaciones del tallo, y unos órganos de forma laminar, que son las *hojas*. Los *nudos* son los sitios en donde se insertan las hojas. Los *entrenudos* son las porciones de tallo comprendidas entre dos nudos (fig. 4-2).

Algunas plantas tienen el tallo tan corto que parece no existir, y sus hojas crecen muy juntas a ras del suelo; son las plantas en *roseta*.

Las principales misiones del tallo consisten en sustentar la estructura aérea de la planta y conducir la savia a su destino: la savia bruta (compuesta por agua y sales minerales) desde las raíces hasta los órganos fotosintetizadores, y la savia elaborada (que contiene los productos resultantes de la fotosíntesis) desde los órganos fotosintetizadores hasta todos los órganos de la planta.

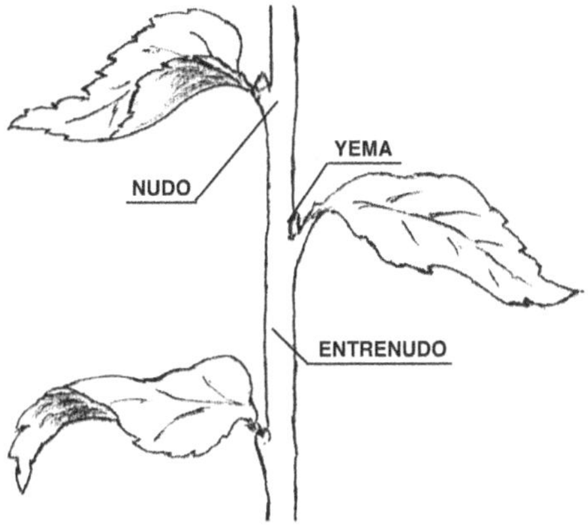

Fig. 4-2. *Partes principales del tallo.*

Las yemas

Cuando las condiciones ambientales no son adecuadas —temperaturas bajas o sequedad— las funciones vitales de la planta se paralizan o quedan minoradas. Las yemas son unas estructuras en donde los tejidos meristemáticos se protegen del frío, la desecación o el ataque de insectos, y que dan lugar a la formación de nuevos brotes cuando las condiciones ambientales vuelven a ser adecuadas.

En realidad una yema es un brote en miniatura, cuyos órganos suelen estar protegidos por unas hojas especiales, que son las *escamas*. En la madurez de la planta algunas yemas, en lugar de originar órganos vegetativos dan lugar a órganos reproductores (flores).

Según la posición que ocupan en el tallo, las yemas se clasifican así:

- *Apicales o terminales.* Situadas en los extremos de los brotes. Son las encargadas de prolongar el eje de los brotes.
- *Axilares o laterales.* Situadas en las axilas de las hojas. Dan lugar a las ramificaciones laterales.
- *Adventicias.* Se forman en sitios no habituales (los sitios habituales son el extremo del brote y las axilas de las hojas) en donde se ha producido una importante acumulación de savia, tales como: recodos, alrededor de una herida importante, etc.
  Algunas especies tienen una gran capacidad para formar yemas adventicias, lo que les permite superar situaciones adversas, como el fuego, el pastoreo o la poda.

Las yemas pueden estar en actividad o en reposo. Cuando el período de reposo dura más de una estación o un año, la yema se dice que está en estado *latente o durmiente.*

Según los distintos órganos que originan cuando entran en actividad, las yemas se clasifican en:

- *Yemas vegetativas o de madera.* Originan brotes con hojas.
- *Yemas florales o botones florales.* Originan brotes con flores.
- *Yemas mixtas.* Originan brotes con hojas y flores.

Clasificación de los tallos

La duración de los tallos suele coincidir con la vida de las plantas. Según este criterio las plantas se clasifican en: anuales, bisanuales y perennes.

- *Plantas anuales.* Son aquellas que desarrollan un ciclo vital (germinación, crecimiento, floración y fructificación) durante un período único, dentro de la estación favorable del año. Ejemplo: la cebada. La semilla de esta planta, sembrada en otoño o primavera, origina una planta con semillas. Durante el verano que sigue a la siembra la planta muere, quedando únicamente la semilla (fig. 5-2).

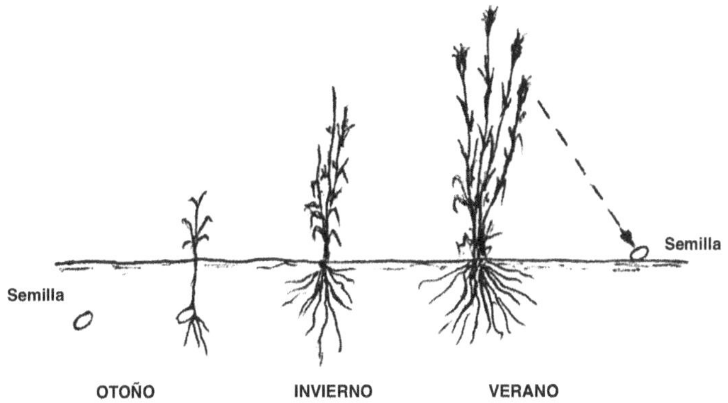

Fig. 5-2. *Desarrollo de una planta anual: la cebada.*

- *Plantas bisanuales.* Son aquéllas que necesitan dos años para completar un ciclo vital. Durante el primer año acumulan reservas, que se utilizan durante el segundo año para producir las semillas. Ejemplo: la remolacha. La semilla de esta planta se siembra en primavera, y de ella sale una planta cuya raíz contiene abundantes sustancias de reserva. Si la planta no se recolecta las hojas se marchitan en el invierno, y en la primavera siguiente se forma un brote de bastante altura que produce flores, frutos y semillas, a la vez que la raíz se vacía de las reservas acumuladas durante el primer año. En el verano siguiente la planta muere, quedando únicamente las semillas (fig. 6-2).
- *Plantas perennes.* Son aquéllas que viven varios años. Se clasifican en varias categorías:

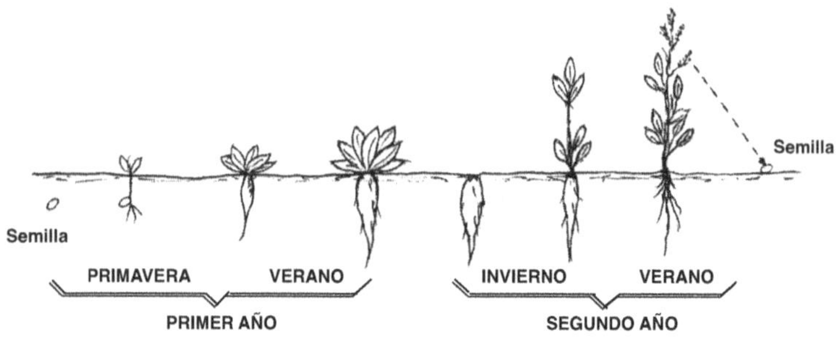

Fig. 6-2. *Desarrollo de una planta bisanual: la remolacha.*

— La planta vive varios años, pero la parte aérea se renueva anualmente *(plantas vivaces).* Ejemplo: la patata. Las yemas de un tubérculo de patata colocado bajo tierra originan tallos aéreos y tallos subterráneos. Los tallos aéreos mueren durante el primer año, después de producir flores y frutos con semillas. Los tallos subterráneos producen tubérculos, que originan una nueva planta (fig. 7-2).

— La planta vive varios años y fructifica una sola vez al final de su vida. Ejemplo: la pita. Sus hojas acumulan reservas durante varios años; al final

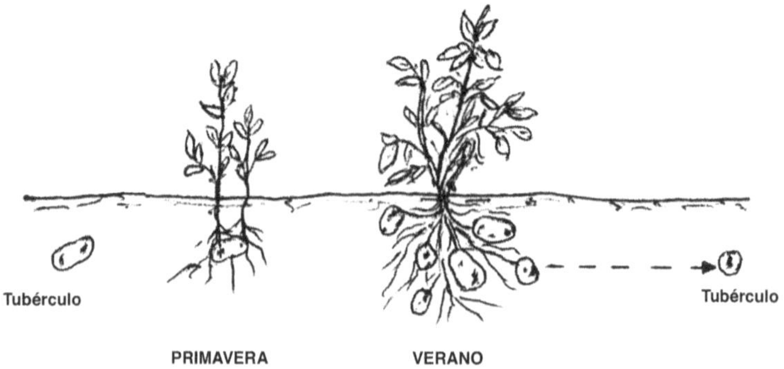

Fig. 7-2. *Desarrollo de una planta (la patata) que produce tallos aéreos de un año y tallos subterráneos (tubérculos) vivaces.*

se forma un tallo que produce flores y frutos con semillas y la planta se muere (fig. 8-2).

— La planta vive varios años y fructifica anualmente. Los árboles y arbustos producen tallos aéreos que viven durante varios años. A partir de una cierta edad florecen y fructifican todos los años, hasta que la planta se agota y muere.

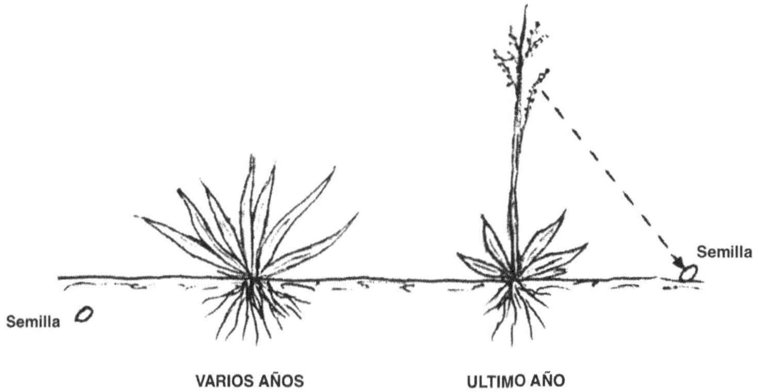

Fig. 8-2. *Desarrollo de una planta perenne que fructifica una sola vez al final de su vida: la pita.*

En la mayoría de las plantas los tallos son aéreos, pero en algunos casos se desarrollan sobre la superficie o bajo la superficie del suelo. Aunque estos últimos tienen apariencia de raíces, su estructura es la de un tallo. Algunas especies bisanuales o perennes se defienden de la estación fría formando tallos subterráneos que almacenan sustancias de reserva, que sirven, al año siguiente, para la formación de brotes aéreos. Se diferencian tres tipos de tallos subterráneos (fig. 9-2):

- *Rizomas.* Poseen unas escamas protectoras y raíces adventicias. Cuando pasa el invierno las yemas originan brotes que salen al exterior, y que, a veces, adquieren un gran tamaño, como es el caso de la pla-

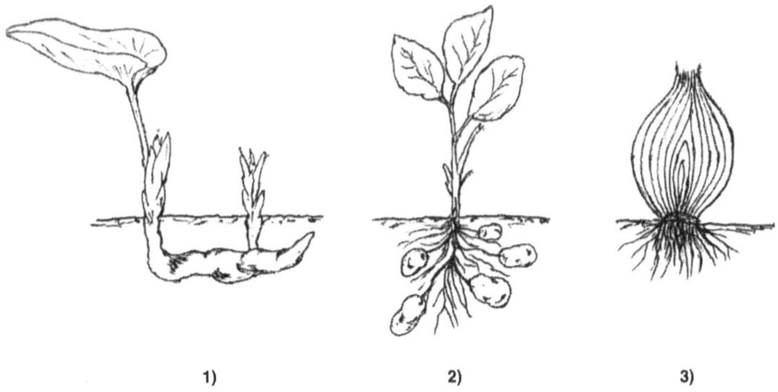

Fig. 9-2. *1) Rizoma del aro. 2) Tubérculo de la patata. 3) Bulbo de la cebolla.*

tanera. Otros ejemplos de rizomas son: la grama, el lirio, el aro.

- *Tubérculos.* Son porciones de tallo subterráneo que almacenan gran cantidad de reservas. Ejemplos: la patata, la batata.
- *Bulbos.* Tienen un tallo —corto, por lo general— con raíces en la parte inferior y una yema en la parte superior, protegida por unas hojas que almacenan sustancias de reserva. Ejemplos: la cebolla, el ajo, el tulipán.

Algunos tallos aéreos reciben nombres especiales, entre los que destacan los siguientes:

- *Tronco.* Es el tallo ramificado de los árboles (gran tamaño) y arbustos (pequeño tamaño).
- *Caña.* Tallo cilíndrico con los nudos muy marcados. Ejemplo: el trigo.
- *Estolón.* Es un tallo rastrero, como ocurre en algunos tallos de la fresa.
- *Zarcillo.* Tallo que se enrolla a un soporte. Ejemplo: algunos tallos de la vid.
- *Espina.* Tallo modificado que adquiere una forma puntiaguda. Ejemplo: el majuelo.

La hoja

Hojas normales

Las hojas normales son verdes, de forma laminar y consistencia herbácea. Realizan dos importantes funciones: la *fotosíntesis,* destinada a elaborar materia orgánica, y la *transpiración,* mediante la cual se elimina el exceso de agua absorbida por las raíces. La forma laminar de la hoja permite, con muy poco peso, incrementar su superficie para facilitar la captación de la luz solar y los intercambios gaseosos con la atmósfera.

En una hoja normal se diferencian tres partes:

- *Limbo.* Es la parte aplanada. La cara superior se llama *haz,* y la inferior se llama *envés.* El limbo está recorrido por los *nervios,* que forman el sistema conductor.
- *Pecíolo.* Es el rabillo de la hoja.
- *Base.* Es la zona que une la hoja con el tallo. En algunos casos forma una vaina que rodea al tallo, como ocurre en las gramíneas.

Según su duración las hojas pueden ser:

- *Perennes.* Se mantienen funcionales durante dos o más años.
- *Caducas.* Son funcionales durante un período anual. Se llaman *marcescentes* las hojas caducas que no se desprenden inmediatamente después de secarse, como ocurre en algunos *Quercus.*

Según que el limbo esté formado por una o varias láminas, las hojas se clasifican así (fig. 10-2):

- *Simples.* El limbo contiene una sola lámina.
- *Compuestas.* El limbo contiene varias láminas, llamados *folíolos,* cada uno de los cuales semeja una pequeña hoja.

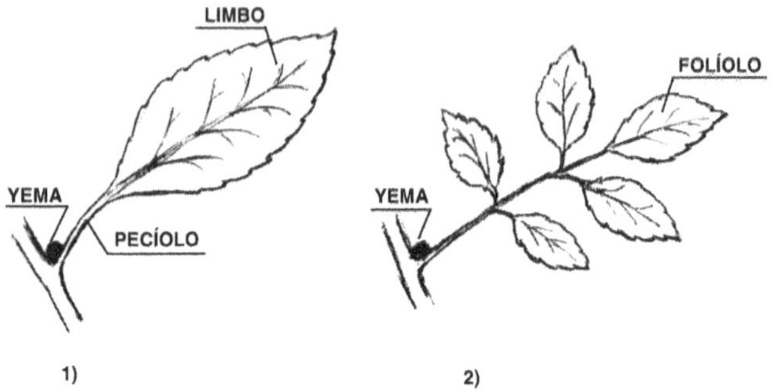

Fig. 10-2. *1) Hoja simple. 2) Hoja compuesta.*

Una hoja simple se diferencia de un folíolo en que en la axila de la hoja se forma una yema, cosa que no ocurre en el folíolo.

Hojas modificadas

Algunas hojas realizan funciones distintas a la fotosíntesis, lo que origina modificaciones en su forma o en su estructura. Entre las hojas modificadas destacan las siguientes:

- Los *cotiledones* almacenan sustancias de reserva para alimentar a la plántula hasta que ésta sea capaz de realizar la fotosíntesis.
- Las *escamas* protegen a las yemas de las condiciones adversas.
- Las *brácteas florales* protegen a las yemas de flor.
- Las hojas que recubren la yema apical de algunos bulbos almacenan sustancias de reserva.
- Algunas plantas propias de climas muy áridos almacenan gran cantidad de agua en sus hojas.
- Las partes de la flor (sépalos, pétalos, estambres y carpelos) son hojas modificadas con relación a la reproducción.

- En ciertas plantas trepadoras algunas hojas se transforman en *zarcillos foliares.*
- Las *espinas foliares* protegen a las hojas de algunas plantas de ser comidas por animales herbívoros. Se presentan en diferentes partes de la hoja: en el borde del limbo (encina), en el extremo de las nerviaduras (acebo), en la superficie del limbo (pelos espinosos), etc.
- Las llamadas plantas carnívoras modifican algunas hojas para formar trampas en donde capturan a pequeños animales.

Organos reproductores

Los órganos reproductores de las fanerógamas se alojan en unas estructuras especializadas que son: los *conos* en las gimnospermas y las *flores* en las angiospermas.

La flor

La flor es un brote cuyas hojas experimentan modificaciones relacionadas con la reproducción. Consta de un pedúnculo con un ensanchamiento en la parte superior *(receptáculo floral)* en donde se asientan las piezas florales: cáliz, corola, estambres y carpelos (fig. 11-2). El cáliz y la corola son elementos estériles; en ocasiones faltan el cáliz, la corola o ambos a la vez. Los elementos fértiles son los estambres y los carpelos. Las flores que carecen de pedúnculo se llaman *sentadas.*

El *cáliz* es la envoltura más exterior; está formada por unas hojas recias y verdes, llamadas *sépalos,* cuya misión consiste en proteger a la flor al principio de su desarrollo.

La *corola* está formada por unas láminas finas y coloreadas, llamadas *pétalos,* cuya misión consiste en atraer a los insectos polinizadores. Por lo general los pétalos son hojas modificadas, pero en algunos casos (rosas y claveles cultivados) han evolucionado a partir de los estambres.

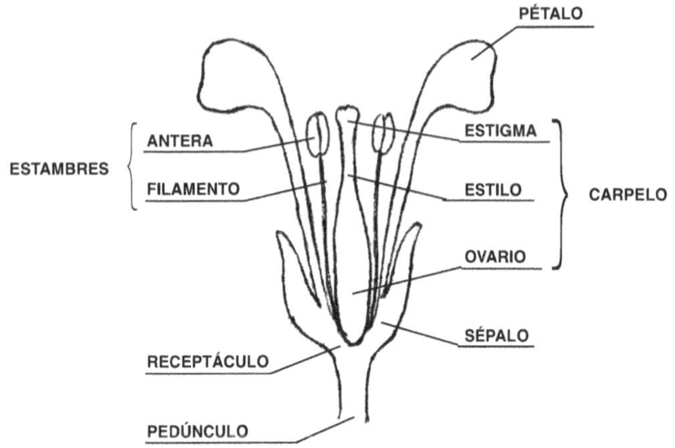

Fig. 11-2. *Partes principales de la flor.*

Los *estambres* son el elemento fértil masculino. Cada estambre está formado por una parte alargada (el *filamento)* que termina en una zona abultada, llamada *antera,* en donde se encuentran los *granos de polen.* Cuando los granos de polen maduran se produce la *dehiscencia* o apertura de la antera, lo que permite la salida de aquéllos.

Los *carpelos* (llamados también *pistilos)* son el elemento fértil femenino. Cada flor puede contener un solo carpelo o varios. Cada uno de ellos es una hoja transformada plegada a lo largo de su nervio central y con los bordes soldados entre sí o a otras hojas carpelares. Cada carpelo consta de tres partes: el *ovario,* que contiene en su interior uno o varios *óvulos;* el *estilo,* de forma de columna hueca; y el *estigma,* situado en el extremo superior y destinado a capturar los granos de polen.

Las flores que contienen los dos sexos se llaman *hermafroditas* (del griego «hermaphroditos»: que participa de los dos sexos), y las que contienen un solo sexo, masculino o femenino, se llaman *unisexuales.* Se llaman *monoicas* (del griego «mono»: uno, y «oicos»: casa) aquellas especies en las que todos sus individuos tienen flores masculinas y femeninas. Ejemplo: el maíz. Se llaman *dioicas* (del griego «di»: dos, y «oicos»: casa) las especies en donde unos individuos son masculinos y otros son femeninos. Ejemplo: la palmera.

Las inflorescencias

En algunas especies las flores aparecen solitarias, pero lo general es que aparezcan agrupadas. Una *inflorescencia* es un brote cuyas yemas se transforman en flores. Según el comportamiento de la yema apical, las inflorescencias se clasifican en dos grupos:

- *Indefinidas.* El eje principal no termina en flor, ya que, en teoría, la yema apical funciona indefinidamente.
- *Definidas.* El eje principal termina en una flor, ya que su yema apical tiene un crecimiento definido.

La inflorescencia se llama *simple* cuando cada una de las yemas axilares origina una sola flor, y se llama *compuesta* cuando cada yema axilar origina, a su vez, una inflorescencia.

Las inflorescencias simples e indefinidas más notables son (fig. 12-2):

- *Racimo.* Todas las flores salen de distintos puntos de un eje principal y tienen pedúnculo. Ejemplo: el repollo.
- *Espiga.* Todas las flores salen de distintos puntos de un eje principal y son sentadas. Ejemplo: el gladiolo. El *espádice* es una espiga con eje carnoso. Ejemplo: el maíz.
- *Corimbo.* Los pedúnculos de las flores salen de distintos puntos del eje y llegan a la misma altura. Ejemplo: el peral.
- *Umbela.* Todos los pedúnculos de las flores salen del extremo del eje y llegan a la misma altura. Ejemplo: la zanahoria.
- *Capítulo o cabezuela.* Las flores son sentadas y salen de un receptáculo ancho. Ejemplo: el girasol.

La inflorescencia simple y definida más notable es la *cima simple,* que se compone de tres flores (una situada en el extremo del eje y las otras dos salen por debajo de aqué-

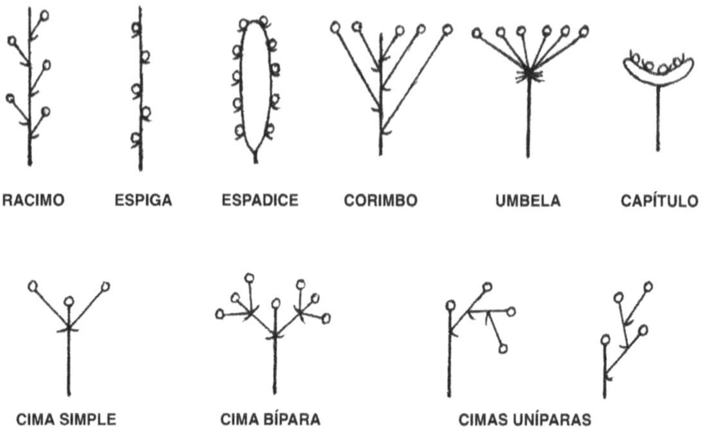

Fig. 12-2. *Inflorescencias simples indefinidas (arriba) y definidas (abajo).*

lla). Ejemplo: el castaño, en donde salen tres castañas envueltas en la misma cápsula.

Ejemplos de inflorescencias compuestas son: racimo de racimos (vid), espiga de espigas (trigo), umbela de umbelas (cardo corredor), racimo de espigas (avena), racimo de umbelas (hiedra), etc. (fig. 13-2).

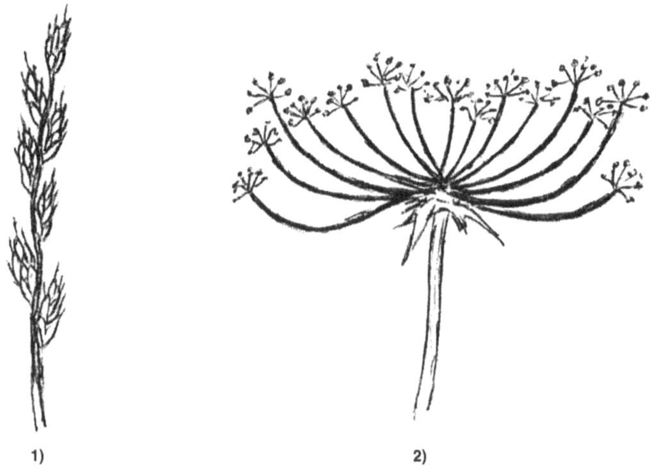

Fig. 13-2. *Inflorescencias compuestas. 1) Espiga de espigas. 2) Umbela de umbelas.*

Ciclo del desarrollo de las angiospermas

Las *angiospermas* (del griego «angion»: cavidad, y «esperma»: semilla) son plantas cuyos óvulos están encerrados en el ovario. Los órganos reproductores son las flores. El esporofito, que es un árbol, una mata o una hierba es la generación diploide. En él se forman unas estructuras especializadas en donde ocurre la meiosis, con reducción del número de cromosomas, dando lugar a las *meiosporas,* que son haploides. Estas, al dividirse originan el gametofito, haploide, en donde se diferencian unas estructuras reproductoras que dan lugar a los *gametos.*

Las meiosporas masculinas (microsporas) originan el gametofito masculino, que es el grano de polen. La *polinización* consiste en el traslado de los granos de polen desde los estambres hasta el estigma de los carpelos. Los agentes polinizadores más importantes son el viento y los animales. En el primer caso las flores carecen de vistosidad y producen gran cantidad de polen. En el segundo caso las flores atraen a los animales polinizadores (entre los que destacan los insectos) mediante varios procedimientos: son vistosas, emiten fragancia o segregan un líquido azucarado —el néctar— que sirve de alimento a los animales polinizadores.

Cuando el grano de polen cae sobre el estigma de una flor de la misma especie (o de otra afín a ella) emite una prolongación (llamada *tubo polínico)* que se introduce por el hueco del estilo, llega al ovario y penetra en el óvulo. Al final de esa prolongación se forma una estructura reproductora que origina los gametos masculinos. Cada grano de polen da lugar a dos *gametos masculinos.*

Las meiosporas femeninas (megasporas) originan el gametofito femenino, que es el saco embrionario —situado en el cuerpo central del óvulo— que al madurar da lugar al gameto femenino, llamado *ovocélula.*

En las angiospermas ocurre una doble fecundación:

- Uno de los gametos masculinos se une a la ovocélula para formar el *cigoto,* que inicia de nuevo una generación del esporafito: primero en estado embrionario —el embrión contenido en el interior de la semilla— y posteriormente en estado de árbol, mata o hierba.

- El otro cigoto masculino se une a otros núcleos del gametofito femenino para formar el tejido nutricio (endosperma) de la semilla.

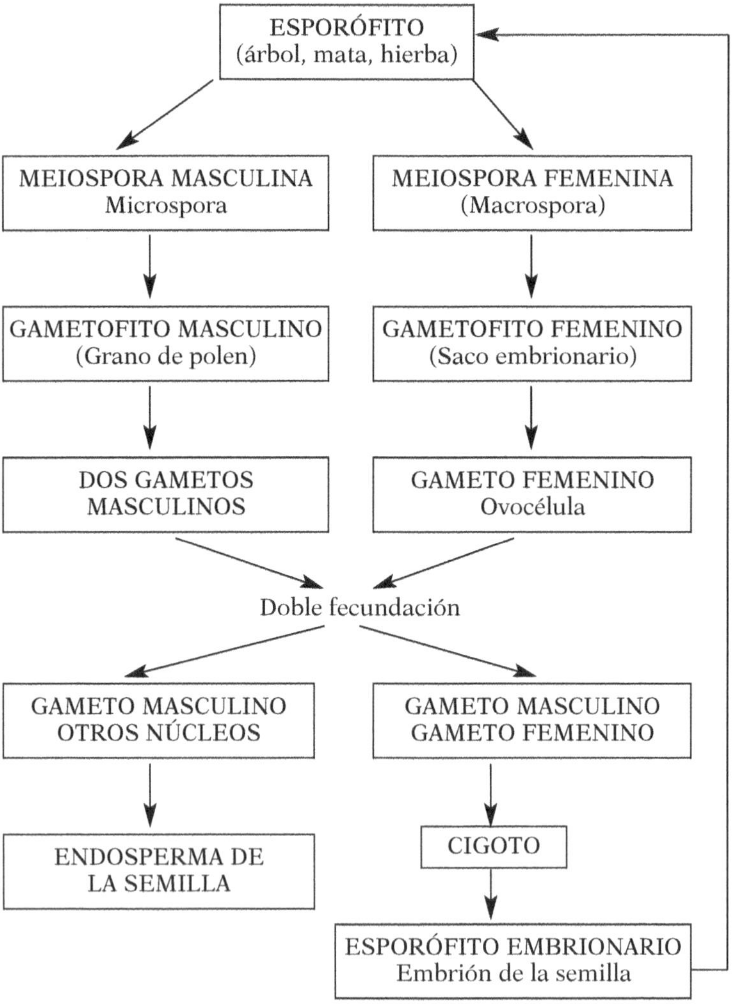

Esquema del desarrollo de las angiospermas.

En algunas especies —como por ejemplo, el trigo— la fecundación tiene lugar entre los gametos de la misma flor, mientras que otras especies la fecundación se realiza entre dos flores distintas de un mismo individuo (por ejemplo, la zanahoria) o entre individuos diferentes (por ejemplo, el centeno). En este último caso se dice que hay *fecundación cruzada.*

El fruto

El fruto es el resultado de la transformación del ovario después de la fecundación. Tiene por misión proteger a la semilla hasta su maduración y facilitar su dispersión. En algunos casos entran a formar parte del fruto —llamado en este caso *falso fruto*— otros tejidos distintos al ovario. Ejemplo: el receptáculo floral en la fresa y en la chirimoya, las brácteas en la castaña y la bellota, toda la inflorescencia en el higo y la piña tropical.

El fruto consta de tres capas (fig. 14-2):

- *Epicarpo* (del griego «epi»: sobre, y «carpos»: fruto). Es la parte exterior, llamada piel, cáscara o pellejo.
- *Mesocarpo* (del griego «meso»: medio, y «carpos»: fruto). Es la parte media. Unas veces es delgada y

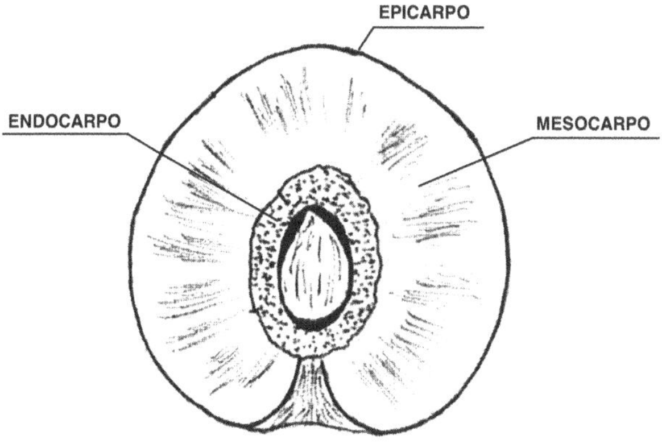

Fig. 14-2. *Diferentes partes de un fruto en drupa: el melocotón.*

seca (la cubierta de la almendra, inicialmente verde); otras veces es gruesa y carnosa (ciruela, melocotón).
- *Endocarpo* (del griego «endo»: dentro, y «carpos»: fruto). Es la parte interior. Puede ser: membranoso (manzana), leñoso (el hueso del melocotón), jugoso (naranja), etc.

Por su consistencia los frutos pueden ser:

- *Secos.* Son jugosos al principio, y se secan cuando maduran. Ejemplo: la vaina de la judía.
- *Carnosos.* Son jugosos en la maduración. Ejemplo: la cereza.

Según el número de semillas los frutos pueden ser:

- *Monospermos* (del griego «monos»: uno, y «esperma»: semilla). Contienen una sola semilla. Ejemplo: la ciruela.
- *Polispermos* (del griego «polis»: varios, y «esperma»: semilla). Contienen varias semillas. Ejemplo: la sandía.

Según que se abran o no los frutos se clasifican en:

- *Dehiscentes.* Se abren en la maduración para que salgan las semillas. Ejemplo: la algarroba.
- *Indehiscentes.* No se abren en la maduración. Ejemplo: el melón.

Fruto simple es aquel que proviene de una flor que tiene un ovario único, que a su vez puede proceder de un solo carpelo *(monocárpico)* o de varios carpelos unidos *(policárpico).* Un ejemplo del primero es la ciruela, y un ejemplo del segundo es la manzana (fig. 15-2).

Se llama *fruto agregado* el que proviene de una flor que tiene los carpelos separados, y de cada ovario sale un «frutito». Ejemplo: la fresa está compuesta de varios aquenios dispuestos sobre un receptáculo carnoso (fig. 15-2). *Fruto compuesto* es aquél que proviene de una inflorescencia.

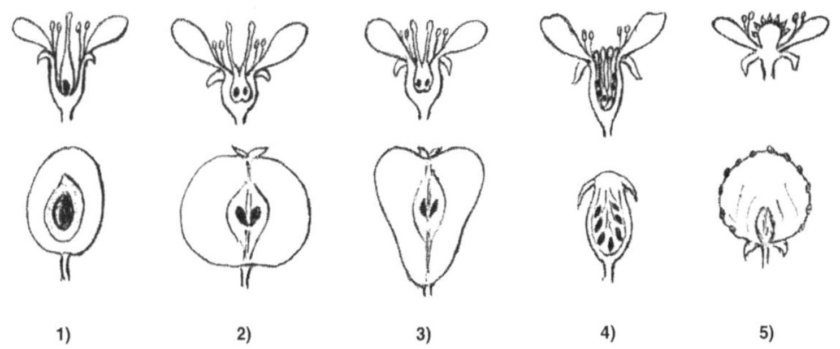

Fig. 15-2. *1) Fruto simple monocárpico (ciruela). 2) y 3) Fruto simple policárpico (manzana y pera). 4) y 5) Fruto agregado (fruto del rosal silvestre y de la fresa).*

Ejemplo: el higo está formado por varios aquenios (las pepitas del higo) dispuestos sobre un receptáculo carnoso que ha crecido por los bordes hasta encerrar a los frutos (fig. 16-2).

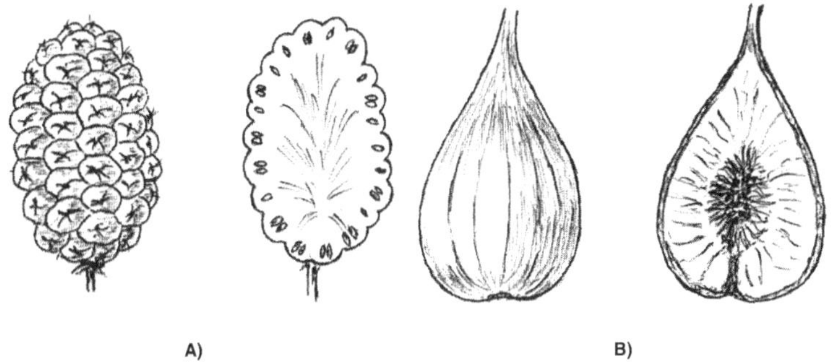

Fig. 16-2. *A) Fruto compuesto (mora). B) Fruto compuesto (higo). Los «frutitos» (los granos) están dispuestos en un receptáculo que ha crecido por los bordes.*

Los tipos de frutos más característicos son los siguientes (figs. 17-2 y 18-2):

1. *Frutos monocárpicos secos:*
   - *Aquenio.* Indehiscente, de una sola semilla y con el fruto separado de la semilla. Ejemplo: el girasol.

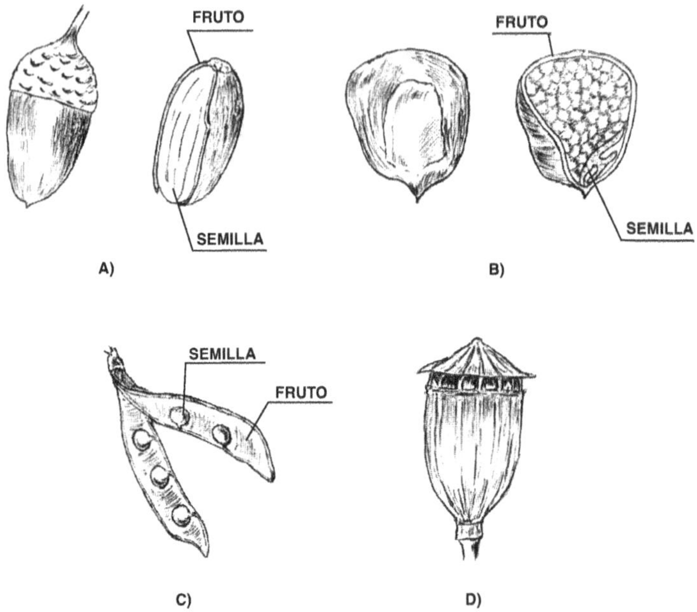

Fig. 17-2. *Frutos secos. A) Aquenio (bellota). B) Cariópside (maíz). C) Legumbre (guisante). D) Cápsula (amapola).*

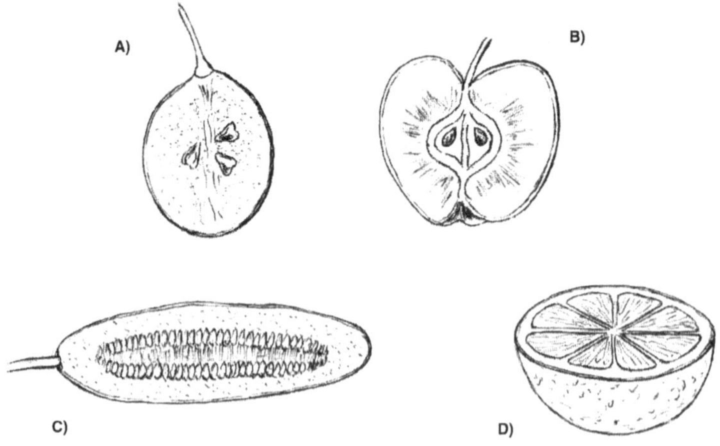

Fig. 18-2. *Frutos policárpicos carnosos. A) Baya (uva). B) Pomo (manzana). C) Pepónide (pepino). D) Hesperidio (naranja).*

- *Cariópside.* Indehiscente, de una sola semilla y con el fruto adherido a la semilla. Ejemplo: el maíz.
- *Legumbre.* Dehiscente y con varias semillas. Ejemplo: la judía.

2. *Frutos monocárpicos carnosos:*
   - *Drupa.* Indehiscente, con una sola semilla y con endocarpo leñoso. Ejemplo: el melocotón (fig. 14-2).

3. *Frutos policárpicos secos:*
   - *Cápsula.* Dehiscente. Ejemplo: la amapola.

4. *Frutos policárpicos carnosos:*
   - *Baya.* Indehiscente. Endocarpo carnoso. Ejemplo: la uva.
   - *Pomo.* Indehiscente. Endocarpo membranoso. Ejemplo: la manzana.
   - *Pepónide.* Indehiscente. Epicarpo duro y mesocarpo y endocarpo comestible. Ejemplo: la sandía.
   - *Hesperidio.* Indehiscente. Epicarpo glanduloso, mesocarpo delgado y blanco y endocarpo jugoso. Ejemplo: la naranja.

La semilla

La semilla es el resultado de la transformación del óvulo después de la fecundación. Es la fase de la vida de la planta mejor adaptada para resistir condiciones adversas; en las plantas anuales es la única fase que perdura durante la estación desfavorable. La semilla, además, hace posible el desplazamiento del embrión con respecto a la planta donde se originó, lo que le permite colonizar nuevos espacios.

La semilla consta de las siguientes partes (fig. 19-2):

- *Cubiertas seminales o texta.*
- *Endosperma.* Contiene sustancias de reserva para nutrir a la nueva planta en su primer desarrollo.

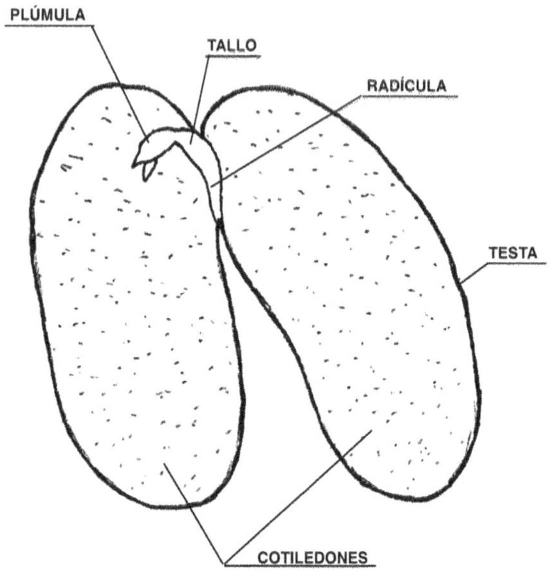

Fig. 19-2. *Semilla de judía, con dos cotiledones, mostrando sus dos mitades.*

- *Embrión.* Al desarrollarse origina una nueva planta. Consta de: *la radícula* (que dará origen a la raíz de la nueva planta), el *tallo embrionario* (con la *plúmula o yema embrionaria)* y uno o dos cotiledones.

En algunos casos (cereales) las reservas se mantienen en el endosperma, mientras que en otros (judía) las reservas pasan a los cotiledones, que adquieren un gran tamaño.

La dispersión de la semilla o *diseminación* consiste en el traslado de la misma desde el fruto hasta el lugar donde ha de germinar. Puede ser:

- *Natural.* Cuando interviene la naturaleza. Los principales agentes que favorecen la diseminación son: el viento, el agua y los animales.
- *Artificial.* Cuando la realiza el hombre.

Ciclo del desarrollo de las gimnospermas

Las gimnospermas (del griego «gimnos»: desnudo, y «esperma»: semilla) son plantas que tienen los óvulos al descubierto. Los órganos reproductores son los *conos: conos polínicos* (los masculinos) y *conos seminíferos* (los femeninos).

El esporofito es un árbol en donde aparecen los conos. En el cono polínico se forman unas estructuras especializadas en donde ocurre la meiosis, dando lugar a las *meiosporas masculinas* (microsporas). Estas originan el gametofito masculino, que es el *grano de polen,* en donde posteriormente se formarán dos *gametos masculinos.*

En el cono seminífero se asientan los óvulos, en cuyo interior se forman las *meiosporas femeninas* (megasporas), que al dividirse originan el gametofito femenino, en donde se diferenciarán el gameto femenino, llamado *ovocélula.*

La *polinización* consiste en el traslado del grano de polen desde el cono polínico hasta el cono seminífero. Una vez allí espera a formar los gametos masculinos, que coincide con la formación del gameto femenino. Este proceso dura de uno a tres años.

Uno de los gametos masculinos se une al gameto femenino para formar el *cigoto,* que iniciará de nuevo la generación del esporofito, primeramente en estado embrionario (embrión) en el interior de la semilla, y posteriormente en estado de plántula y árbol. El cigoto queda cubierto por un tejido nutricio que servirá de alimento al embrión en la primera fase de su desarrollo.

La semilla es el resultado de la transformación del óvulo después de la fecundación. Consta del embrión, rodeado de un tejido nutricio y envuelto todo ello por un tegumento. La semilla está protegida por unas escamas del cono seminífero, que en algunas especies se agrandan y lignifican, como ocurre en la piña del pino, mientras que en otras especies (enebro, tejo) la semilla queda rodeada por una estructura de consistencia carnosa.

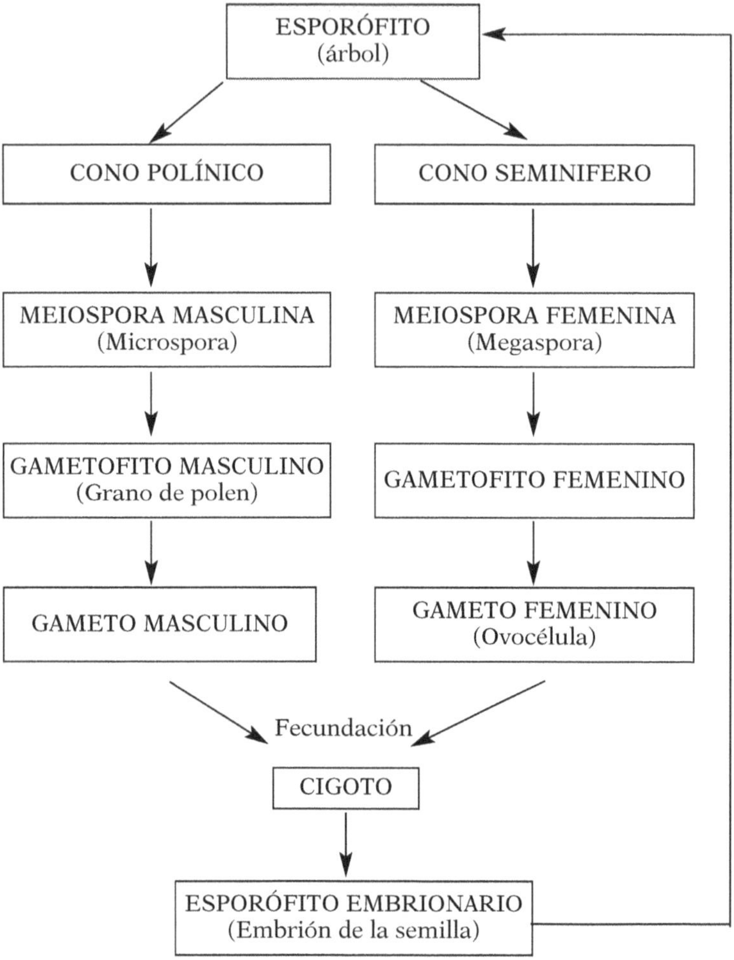

Esquema del desarrollo de las gimnospermas.

Propagación asexual o vegetativa

La propagación asexual o vegetativa es aquélla en que no intervienen gametos. Admite dos modalidades:

- *Multiplicación asexual o vegetativa.* La formación de nuevos individuos tiene lugar a partir de una parte del cuerpo de un individuo, llamada *propágulo,* que puede ser: un trozo de tallo, un trozo de raíz, una yema, un trozo de hoja, etc. El sistema sexual sigue funcionando y se forman semillas normales, aunque éstas no se utilizan en la técnica agrícola.

- *Apomixia* (del griego «apo»: carencia, y «mixis»: mezcla). El mecanismo de la reproducción sexual está anulado, bien porque los órganos sexuales se transforman en vegetativos o porque falla el proceso de formación del cigoto.

Las formas más habituales de multiplicación vegetativa son las siguientes:

- *Rizoma.* Tallo subterráneo de cuyas yemas salen nuevos brotes. Ejemplo: el lirio.
- *Tubérculo.* Tallo subterráneo engrosado, cuyas yemas dan lugar a nuevos brotes. Ejemplo: la patata.
- *Bulbo.* Tallo subterráneo que lleva una yema apical de donde salen los brotes. Ejemplo: la cebolla.
- *Estolón.* Tallo largo y delgado que crece sobre la superficie del suelo, en cuyos nudos se forman raíces adventicias y yemas que continúan el crecimiento del estolón. Ejemplo: la fresa.
- *Retoño o renuevo.* Brote que procede de una yema adventicia situada sobre la raíz (fig. 20-2). El tallo enraizado separado de la planta madre se llama *barbado.* Algunos arbustos frutales (como el frambueso y el grosellero), cuyos tallos duran dos años —el primer año vegetan y el segundo fructifican— se multiplican de forma natural por medio de renuevos.
  La platanera es una planta herbácea cuyo tallo está formado por los pecíolos enrollados de sus grandes hojas que suben de un tallo subterráneo, llamado cepa. Las variedades comerciales de plátano no producen semilla, y la propagación se hace por medio de retoños que salen del tallo subterráneo. La planta madre muere después de producir el racimo de plátanos, pero en cada mata quedan hijos de varias edades que continúan la producción.

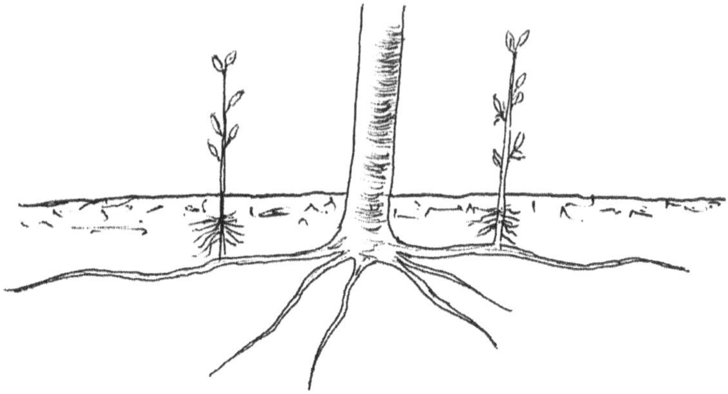

Fig. 20-2. *Multiplicación por renuevos.*

- *Estaca o estaquilla.* Es un trozo de tallo joven provisto de yemas, separado de la planta madre, uno de cuyos extremos se introduce en tierra para que arraigue. En algunas plantas la estaca se forma con un trozo de raíz o de hoja. El *esqueje* es una estaca de planta herbácea.
- *Acodo.* El acodo consiste en forzar a un tallo a que emita raíces adventicias mientras se mantiene unido a la planta madre. Una vez emitidas las raíces, el tallo enraizado se separa de la planta madre (fig. 21-2).
- *Injerto.* Es una unión entre dos plantas distintas que continúan su crecimiento posterior como planta única. Una yema o un brote con yemas de una de las plantas se introduce en la otra planta, estableciéndose una unión íntima y permanente. La yema o brote con yemas se llama *injerto,* y la planta que lo recibe se llama *patrón, pie o portainjerto* (fig. 22-2).

El cultivo de tejidos

Se llama así a la técnica que consiste en colocar ciertos materiales biológicos —células, tejidos, trozos de planta (raíces, nudos, entrenudos, cotiledones, etc.), embriones, anteras, etc.— en unas condiciones ambientales determi-

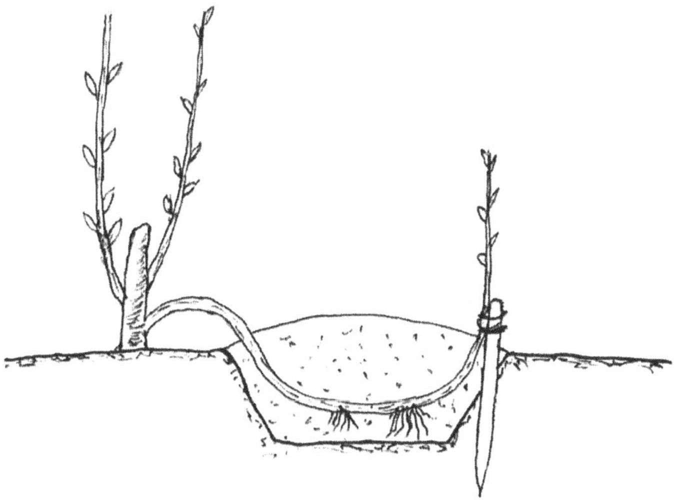

Fig. 21-2. *Formación de un acodo. Una rama joven se dobla en arco y se entierra una parte de ella para que produzca raíces adventicias.*

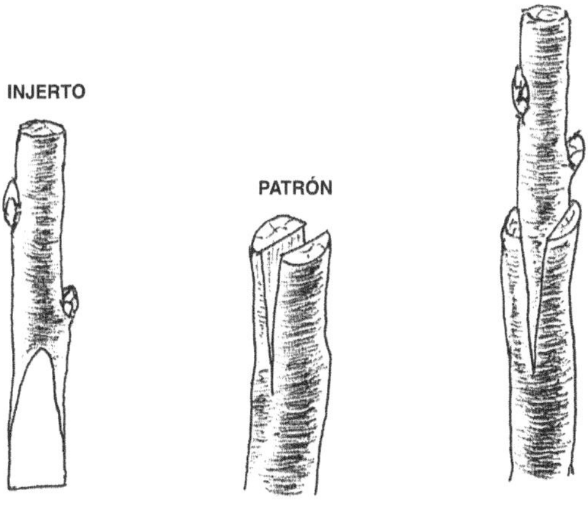

Fig. 22-2. *Formación de un injerto.*

nadas, con la finalidad de regenerar un individuo completo. Esta técnica es, en definitiva, una propagación vegetativa que utiliza unos propágulos minúsculos en lugar de otros de mayor tamaño: estaca, esqueje, yema, etc.

En este proceso de regeneración las células del material de partida se tienen que *desdiferenciar,* adquiriendo de nuevo su condición de *totipotencia,* es decir, la capacidad de originar una planta completa.

El medio de cultivo contiene, además de los elementos minerales necesarios, vitaminas, compuestos energéticos (sacarosa), reguladores del crecimiento (auxinas, giberelinas y citoquininas) y material inerte de soporte (agar, carbón, papel de filtro, fibra de vidrio, etc.).

Esta técnica está en plena actividad investigadora, ya que todavía no se conoce el mecanismo biológico de la regeneración y se tiene que proceder de forma empírica en cada especie investigadora. Algunas especies (tabaco, patata, manzano, cerezo, fresón, caña de azúcar, plátano, etc.) se regenera con relativa facilidad, mientras que otras (leguminosas anuales, cereales) presentan grandes dificultades. En general, las plantas de propagación vegetativa regeneran mejor que las estrictamente sexuales, y las plurianuales mejor que las anuales.

Las aplicaciones más significativas del cultivo de tejidos son:

- Producción comercial de algunas especies; numerosas especies de plantas ornamentales se venden en forma de plantitas en frascos o tubos que se trasplantan a macetas. La multiplicación por medio de estaca, acodo, etc., es muy lenta, por lo que en ocasiones se recurre a esta técnica.
- Producción comercial de plantas libres de enfermedades, en particular las producidas por virus (en frutales, fresón, etc.).
- Conservación de germoplasma.
- Mejora genética de las plantas.

LECTURA

Los gigantes del mundo vegetal

Uno de los árboles más notables, en cuanto a su tamaño, es un ciprés de los pantanos que existe en el cementerio de Santa María de Tula, en el estado mejicano de Oaxaca. Su tronco mide 50 metros de altura y 44 metros de perímetro. A una altura de 6 metros, el tronco se divide en numerosas ramas que forman en conjunto una copa de 132 metros de perímetro. Hernán Cortés, en el año 1519, acampó con sus soldados a la sombra de este árbol, que es considerado como una de las mayores maravillas del mundo. Los expertos aseguran que su tronco es el más grueso de todos los árboles conocidos y que debe tener una edad superior a los 2.000 años.

En la India existe una planta, la higuera sagrada, de cuyas ramas brotan unas raíces que descienden hacia el suelo y profundizan en él, de modo quc alrededor del tronco principal se forma un gran número de columnas. Estas, a su vez, echan nuevos vástagos, con lo que poco a poco se forma un laberinto de troncos sosteniendo un tupido follaje que, a veces, alcanza 60 metros de altura. En Dakan, en la India Occidental se midió uno de estos árboles cuyo perímetro sobrepasaba los 500 metros.

La mayor de todas estas higueras estaba en una isla del río Narbada. Cuentan que este ejemplar constaba de 1.300 troncos de buen tamaño y otros 3.000 más pequeños, y que el navegante Nearco, que acompañó a Alejandro Magno, había visto este árbol, a cuya sombra podían acampar 7.000 hombres.

Las secuoyas de California, en Estados Unidos, forman unos bosques impresionantes, como ocurre en el Parque Nacional del Bosque de Mariposa. Estos árboles son parecidos a los abetos, pero su porte es mucho mayor. Los más grandes de estos árboles están huecos en su interior, debido a que fueron quemados por los indios pieles rojas para utilizarlos como chozas. Uno de los ejemplares, cuya edad se calcula en 4.000 años, tiene una altura de 77 metros y un perímetro de 34 metros. Su rama más gruesa crece a 32 metros del suelo y tiene un grosor de dos metros de diámetro.

En la actualidad existen 10 bosques de secuoyas, en los cuales algunas alcanzan una altura considerable, como ocurre con «el rey de las estrellas», con una altura de 109 metros. Otros 500 ejemplares alcanzan unas alturas parecidas.

Las secuoyas no son, sin embargo, los árboles más altos. Los gigantescos eucaliptos de Australia llegan hasta los 155 metros, con un tronco que puede alcanzar en su base los 30 metros de perímetro, y cuyas ramas más bajas empiezan a una altura de 70 a 80 metros. Los bosques de eucaliptos tienen la particularidad de que apenas dan sombra, debido a que sus hojas se mantienen en posición vertical.

El árbol más corpulento de Africa es el baobab, cuyo tronco puede alcanzar un perímetro de 30 metros; tiene la particularidad de que entre sus hojas prolifera una gran cantidad de flores blancas del tamaño de un plato.

En Europa existe también algún ejemplar gigantesco de árbol, como «el castaño de los 100 caballos», del Etna, en Sicilia; el roble de Newland (Inglaterra), con una circunferencia de 13 metros; el tilo de Staffelstein (Alemania), con 17 metros de perímetro; y el famoso drago de La Orotava, en la isla de Tenerife. Este drago tenía 13,5 metros de circunferencia y solamente una altura de 24 metros. En el año 1868 fue destruido por un huracán. Su edad se calcula en algo menos de 5.000 años, lo que le convierte en el ser viviente conocido más viejo del mundo. El viejo tejo de Yorkshire (Inglaterra), todavía hoy en pie, tiene un perímetro de 15 metros y una antigüedad que se cifra en 3.000 años.

Después del drago, el árbol de mayor vida es el baobab, algunos de cuyos ejemplares pueden llegar a los 4.000 años; le siguen las secuoyas, los tejos y los cipreses. Los cedros del Líbano pueden alcanzar una edad de 2.000 años. A los turistas que llegan al Líbano se les enseña el bosque del que Salomón sacó la madera para edificar el templo de Jerusalén; todavía quedan en este bosque unos 300 árboles, alguno de los cuales mide 12 metros de circunferencia. Pero es dudoso que este bosquecillo pueda tener mucho más de 2.000 años.

Los animales en la propagación de las plantas

Con el fin de propagar y perpetuar la especie, muchas plantas tienen una relación muy estrecha con ciertos animales. En el caso de que la polinización sea efectuada por animales polinizadores, entre los que predominan los insectos, las plantas tienen medios adecuados para atraer al polinizador y para que la visita de éste se realice de tal manera que la fecundación de la flor quede asegurada.

Los animales van hacia las flores porque en ellas encuentran alimento: el polen, que se produce en exceso, y el néctar, jugo azucarado producido en los nectarios, que son unas pequeñas glándulas situadas en diferentes partes de la flor. En muchas plantas, los nectarios están colocados de tal forma que los insectos que van a libar el néctar tienen que rozar por fuerza los estambres y estigmas de la flor.

La forma y el color de las flores, la emisión de aromas y el momento de apertura de la flor están relacionados con los insectos polinizadores. En las flores labiadas, por ejemplo, cuya corola tiene la forma de los labios, los estambres y el estigma están dispuestos de tal modo que el estigma barre el polen que el insecto trae adherido, a la vez que los estambres empolvan el cuerpo del insecto preparándolo para la siguiente visita a otra flor.

Las flores que reciben la visita de insectos diurnos tienen unos colores llamativos, que destacan a la luz del día; con frecuencia, estas flores permanecen abiertas durante el día y se cierran durante la noche. En cambio, las flores que son visitadas por insectos nocturnos son blancas o de colores claros, que son las tonalidades que más destacan en la escasa luz de la noche; generalmente, estas flores se abren a la caída de la tarde y se cierran al amanecer.

Algunas flores tienen unas marcas o unos dibujos fuertemente coloreados, que destacan del resto; actúan a modo de indicador o semáforo que señalan al insecto el camino que ha de seguir para llegar al néctar, a la vez que queda asegurada la fecundación de la flor.

Con relación a la emisión de aromas, cuya finalidad es atraer a los insectos polinizadores, aquellas que atraen a los insectos diurnos exhalan su aroma durante el día, mientras que las que atraen a los insectos nocturnos exhalan su aroma durante la noche.

En muchas ocasiones existe una relación entre el color y el aroma de las flores: las flores de mayor colorido (amapola, margarita, crisantemo), por lo general, carecen de aroma, mientras que las de colores menos llamativos (violeta) exhalan un aroma intenso.

Algunas plantas se valen de diversos medios para facilitar la propagación de las semillas. Muchos frutos no son más que un medio de atracción para ser propagados por ciertos mamíferos y, sobre todo, por las aves. Estos frutos atraen a los animales por las sustancias nutritivas contenidas en su jugo, además de poseer otras propiedades que los hacen atractivos, tales como un aroma intenso o una coloración muy llamativa.

Las propiedades atractivas del fruto se desarrollan únicamente cuando las semillas están maduras. El aroma y el sabor de la pera, de la frambuesa o de cualquier otro fruto, así como la coloración de su piel o de su pulpa, no se presentan hasta que la semilla no es apta para germinar.

La planta dispone también de mecanismos para defender su semilla de la voracidad de los animales. La dureza de la carne del fruto antes de la maduración, su acidez y la falta de color y de aroma son medios de que la planta se vale para la defensa de sus semillas, así como el hecho de que éstas estén encerradas bajo una cubierta dura. Los huesos y pepitas de muchos frutos no son digeribles. El gorrión que se come la cereza deja intacto el hueso, y el ave mayor que se traga la fruta no digiere el hueso, sino que sale con el excremento sin que la semilla haya sufrido daño alguno.

En algunos casos se dan unas circunstancias muy especiales para la propagación del fruto, como ocurre, por ejemplo, con el muérdago. Esta planta vive sobre el tronco y las ramas de algunos árboles, de donde chupa el agua y las sales minerales. La semilla de muérdago que cae al suelo se pierde. Para que la semilla germine es preciso que vaya a parar a la rama de un árbol y, además, tiene que quedar bien adherida para que tenga tiempo de germinar sobre dicha rama. El fruto del muérdago contiene una sustancia pegajosa, y cuando un pájaro se lo come, algunas semillas pueden adherirse a su pico; cuando el pájaro se limpia el pico sobre la corteza de una rama, las semillas quedan adheridas a la rama.

En otros casos, los frutos van provistos de algún tipo de ganchos o cerdas, con los que se agarran a los pelos y lana de los animales. En Africa del Sur existe un arbusto espinoso cuyos frutos van cubiertos de unos pinchos temibles para el hombre y los animales. Estos pinchos se agarran a las pezuñas de los antílopes, que corren doloridos y desesperados hasta que se desprende la cápsula seminal.

II. FISIOLOGÍA

3. Fotosíntesis y otros procesos relacionados

Muchos seres vivos forman su propia materia orgánica a partir de la materia orgánica de otros seres vivos; únicamente las plantas y algunos microorganismos son capaces de sintetizar su propia materia orgánica a partir de sustancias inorgánicas sencillas (dióxido de carbono y agua) utilizando como fuente de energía la luz solar. Este proceso recibe el nombre de *fotosíntesis* (del griego «photos»: luz, y «síntesis»: agrupar), en donde los productos resultantes son más ricos en energía que los materiales utilizados, ya que a ellos se incorpora la energía de la luz. Esta energía se libera cuando se realiza el proceso inverso, en donde los hidratos de carbono se transforman de nuevo en dióxido de carbono y agua, proceso que se realiza en el interior de los organismos (respiración) o fuera de ellos (combustión).

La fotosíntesis

La fotosíntesis es el único proceso de la naturaleza capaz de captar la energía de la luz solar para almacenarla como energía química dentro de la molécula sintetizada. Es un proceso de oxidación-reducción, que consiste, esencialmente, en la producción de una sustancia orgánica (un glúcido sencillo) a partir del dióxido de carbono y agua, con desprendimiento de oxígeno; se expresa en forma resumida mediante la siguiente ecuación:

$$6\,CO_2 + 6\,H_2O \xrightarrow{\text{luz}} C_6\,H_{12}\,O_6 + 6\,O_2$$

La fotosíntesis se realiza en los cloroplastos, orgánulos de color verde, presentes sobre todo, en el limbo de las hojas y en la periferia de los tallos herbáceos. Los principales pigmentos fotosintéticos son las *clorofilas a y b,* de color verde. Además, la mayor parte de las células fotosintéticas tienen otros pigmentos fotosintéticos accesorios (los carotenoides, de color amarillo, y las ficobilinas, de color azul o rojo), que pueden enmascarar el color verde de las clorofilas.

En una primera fase de la fotosíntesis la energía luminosa absorbida se utiliza para formar un compuesto muy rico en energía (el ATP) y otro compuesto muy rico en poder reductor (el NADPH). Posteriormente la energía acumulada en estos compuestos se utiliza para reducir el dióxido de carbono en carbono orgánico.

El dióxido de carbono presente en la atmósfera llega hasta los cloroplastos a través de los estomas. Cuando éstos se cierran debido a la falta de agua, el dióxido de carbono no llega al cloroplasto y la fotosíntesis se interrumpe.

Las plantas terrestres realizan solamente la décima parte de la fotosíntesis que tiene lugar en la Tierra; el resto se realiza en el mar, especialmente en el fitoplancton.

Los productos de la fotosíntesis se utilizan para los siguientes procesos:

- *Biosíntesis* de diversas sustancias orgánicas, necesarias para mantener la vida y el crecimiento.
- *Respiración,* proceso mediante el cual se obtiene la energía necesaria para la biosíntesis y los demás procesos vitales.

Factores que regulan la fotosíntesis

Entre los numerosos factores que afectan a la fotosíntesis, unos son ambientales, mientras que otros son propios de la planta. Entre los primeros destacan los siguientes:

- *La luz.* Si ningún otro factor actúa como limitante, la eficiencia fotosintética se incrementa a medida que aumenta la intensidad luminosa hasta que se llega a la saturación, que varía de unas especies a otras. Esta adaptación de las plantas permite que prácticamente todas las radiaciones de la luz puedan ser aprovechadas en la fotosíntesis. Las plantas del sotobosque (estratos inferiores) son capaces de aprovechar la gran cantidad de radiación verde que les llega, ya que las radiaciones azul y roja han sido retenidas por las hojas situadas en los estratos superiores.
- *La temperatura.* En general la temperatura óptima se sitúa alrededor de la temperatura media diaria de la zona donde la planta crece normalmente. En las plantas C-4 la temperatura óptima de la fotosíntesis se sitúa entre los 30 y 40 °C, mientras que las plantas C-3 está comprendida en 15 y 20 °C.
- *La concentración de dióxido de carbono.* En el aire existe suficiente cantidad de este gas para cubrir las necesidades normales; pero hay situaciones en que la planta no puede tomar todo lo que necesita, como pudiera ser el caso de cultivos con una gran masa vegetativa y con el aire encalmado, circunstancias ambas que dificultan la renovación del aire a nivel del cultivo. Los cultivos de invernadero rinden más cuando se enriquece la atmósfera del invernadero con dióxido de carbono, sobre todo cuando los invernaderos se mantienen cerrados durante el invierno.
- *La disponibilidad del agua.* El agua se absorbe a través de los pelos absorbentes de la raíz (también se absorbe una pequeña cantidad a través de los estomas de las hojas), pasa al sistema conductor y se distribuye por toda la planta hasta llegar a las hojas. Solamente una pequeña cantidad del agua absorbida

se incorpora a los tejidos de la planta, mientras que el resto se pierde en forma de vapor a través de los estomas de la hoja mediante un proceso llamado *transpiración,* cuya intensidad se regula por la mayor o menor apertura de los estomas. Cuando la disponibilidad de agua es escasa disminuye la apertura de los estomas y, por tanto, se hace más difícil la entrada en la planta del dióxido de carbono.

- *La disponibilidad de nutrientes minerales.* Se llaman nutrientes minerales a los elementos químicos que, por lo general, son absorbidos por las raíces de las plantas en forma de iones. Hay 16 elementos químicos que se consideran esenciales para las plantas, de forma que éstas no se desarrollan cuando falta uno cualquiera de ellos. De estos elementos esenciales, el carbono, el oxígeno y el hidrógeno son suministrados por el agua y el aire. Los 13 elementos restantes son suministrados por el suelo, salvo alguna excepción, como es el caso de las leguminosas, que pueden tomar el nitrógeno del aire mediante una asociación con ciertas bacterias.

  Desde el punto de vista de la fertilización, estos 13 elementos se clasifican así:

  — *Elementos primarios.* Son el nitrógeno, fósforo y potasio. Por lo general las necesidades de los cultivos son superiores a la disponibilidad del suelo, por lo que es preciso hacer aportaciones cuantiosas.

  — *Elementos secundarios.* Son el calcio, magnesio y azufre. Las plantas consumen cantidades importantes de estos elementos, pero, por lo general, no es necesario hacer aportaciones porque hay suficiente cantidad en el suelo.

  — *Microelementos.* Son el hierro, manganeso, zinc, cobre, molibdeno, boro y cloro. Las plantas necesitan pequeñas cantidades y suele haber suficiente disponibilidad en el suelo.

Las deficiencias minerales provocan una disminución de la cantidad de clorofila *(clorosis),* que se manifiesta por una pérdida del color de las hojas.

Los factores internos que afectan al proceso fotosintético son las características anatómicas, fisiológicas y bioquímicas que determinan una mayor o menor eficiencia fotosintética, lo que influye decisivamente en la productividad de los cultivos.

La respiración

La respiración es un proceso en donde los compuestos de carbono se degradan siguiendo un camino inverso al de la fotosíntesis, con liberación de la energía acumulada durante la fotosíntesis, cuya energía aprovecha la célula para sus procesos vitales. Casi la mitad de la energía liberada queda almacenada en forma de ATP, de fácil y rápida utilización.

Así como las células vegetales tienen unas estructuras especializadas para realizar la fotosíntesis, también las células vegetales y animales tienen estructuras adecuadas para efectuar la oxidación de los compuestos orgánicos reducidos. Estas estructuras son las mitocondrias celulares.

Las moléculas orgánicas oxidadas son principalmente glucosa o fructosa, pero también se oxidan otros glúcidos, lípidos, ácidos orgánicos y proteínas.

Cuando hay suficiente provisión de oxígeno el sustrato orgánico se oxida por completo, en cuyo proceso, llamado *respiración aerobia* (del griego «aeros»: aire, y «bios»: vida), se obtiene el máximo rendimiento energético. Si el sustrato es una molécula de glucosa, el proceso se resume en la siguiente ecuación:

$$C_6 H_{12} O_6 + 6\ O_2 \longrightarrow 6\ CO_2 + 6\ H_2O$$

En organismos anaerobios (del griego «a»: sin, «aeros»: aire, y «bios»: vida) o en tejidos donde circunstancialmente falta de oxígeno, se produce una oxidación incompleta, quedando algunos compuestos orgánicos sin oxidar, tales como alcohol, ácido láctico, ácido acético, etc. Este proceso de respiración anaerobia se llama *fermentación* (del latín «fervere»: hervir).

En la fermentación alcohólica —que se origina en algunos microorganismos y en la mayoría de las células vegetales en condiciones anaerobias— se produce alcohol y dióxido de carbono a partir de la glucosa, según la reacción:

$$C_6 H_{12} O_6 \longrightarrow 2\, C_2 H_6 O + 2\, CO_2$$

En la respiración aerobia, de cada molécula de glucosa se obtienen 36 moléculas de ATP, mientras que en la fermentación alcohólica de cada molécula de glucosa se obtienen solamente 2 moléculas de ATP.

La respiración se produce en todas las células del organismo; en las células provistas de clorofila, durante el día, la respiración es de mucho menor cuantía que la fotosíntesis, pero durante la noche se anula la fotosíntesis y prosigue la respiración.

La fotorrespiración

La fotorrespiración es un proceso respiratorio acoplado a la fotosíntesis, que consume oxígeno y produce dióxido de carbono a semejanza del proceso respiratorio que ocurre en las mitocondrias, pero con la diferencia de que la producción de dióxido de carbono es a costa del carbono fijado en la fotosíntesis, sin producir ATP, con lo cual se deshace una parte de lo conseguido en la fotosíntesis.

En la mayoría de las especies de plantas el dióxido de carbono queda fijado, en primer lugar, en un compuesto de 3 carbonos, por lo que se llaman *plantas* C_3. En otras el dióxido de carbono queda fijado en un compuesto de 4 carbonos; son las *plantas* C_4 y las plantas CAM.

Las plantas C_4 emplean mayor energía que las C_3 para formar los carbohidratos; pero, en cambio, aquéllas no presentan niveles detectables de fotorespiración. La clave de la eficiencia fotosintética en unas y otras depende de las condiciones ambientales en que se realiza la fotosíntesis. Cuando la temperatura es elevada (a partir de 30 °C) la eficiencia en las C-4 es mayor que en las C-3, y también cuando la humedad relativa es baja. Esto se debe a que las C-4 tienen una mayor afinidad por el dióxido de carbono, que les permite realizar la fotosíntesis a mayor velocidad, aun cuando la concentración de dióxido de carbono sea menor como consecuencia de tener los estomas menos abiertos, lo que, a su vez, les permite reducir las pérdidas de agua por transpiración.

En suma, las temperaturas altas y la escasez de agua favorecen a las plantas C-4, que predominan en climas tropicales y subtropicales, de donde son originarias. A este grupo pertenecen, entre otras, el maíz, el sorgo, la caña de azúcar y algunas malas hierbas muy agresivas. *(Cynodon dactylon, Sorhum halepense* y diversas especies de *Amarantus)*.

Las plantas C-3 son las más eficientes en condiciones de temperaturas no demasiado altas y alta humedad relativa. A este grupo pertenecen la mayoría de las especies cultivadas en climas templados, tales como trigo, girasol, coles, etc.

Las plantas CAM requieren mayor aportación de energía que las C_3 y las C_4, por lo que su rendimiento fotosintético es menor. Estas plantas están adaptadas a condiciones ambientales de elevada temperatura y una bajísima humedad relativa. El equilibrio entre fotosíntesis y transpiración se logra mediante mecanismos que tienden a asegurar la supervivencia en un medio desértico. A este grupo pertenecen algunas especies de plantas crasas o suculentas.

Reducción del nitrógeno

Las plantas realizan la síntesis de materia orgánica a partir de carbono inorgánico, pero su capacidad es más amplia, ya que pueden incorporar a la materia orgánica otros elementos, como es el caso del nitrógeno.

El nitrógeno se encuentra en la atmósfera en una proporción aproximada del 79%; salvo algunas excepciones, las plantas son incapaces de captar directamente este gas, que es absorbido por las raíces en forma iónica.

El nitrógeno del aire es muy estable, lo que explica la dificultad y coste del proceso de reducción. En la industria se consigue la reducción del nitrógeno a amoníaco a base de unas temperaturas elevadas y unas presiones muy altas. En la naturaleza este proceso (fijación biológica del nitrógeno atmosférico) lo realizan algunos microorganismos, unos de vida libre y otros que viven en simbiosis con algunas plantas superiores.

En el caso de la fijación simbiótica por bacterias del género *Rhizobium,* se conocen en estos microorganismos algunos genes de la fijación del nitrógeno *(genes nif).* La biotecnología actual pretende conseguir un mejor aprovechamiento de los organismos fijadores, así como extender esa capacidad a otros organismos e, incluso, a las plantas superiores. Para ello se necesita un mejor conocimiento de la genética relacionada con la fijación del nitrógeno y de otros factores relacionados con la eficiencia de la simbiosis.

Distribución de los productos de la fotosíntesis

La actividad metabólica de los distintos órganos de la planta requiere una aportación de los productos sintetizados en la fotosíntesis. La actividad fotosintética de algunos órganos cubre de sobra sus necesidades metabólicas, mientras que otros no producen fotoasimilados o los producen en cantidad insuficiente para cubrir sus necesidades.

Los órganos excedentarios (ya sea porque producen un exceso o liberan lo acumulado) se llaman *órganos productores o fuentes,* entre los que destacan las hojas maduras y los órganos de reserva ya formados. Los órganos deficitarios se llaman *órganos consumidores o sumideros,* entre los que se encuentran: los ápices de raíces y tallos, yemas y hojas en crecimiento, flores, frutos, semillas y órganos de reserva en formación.

Un mismo órgano puede ser fuente o sumidero, según la fase de crecimiento en que se encuentra. Por ejemplo, un tallo es fuente cuando realiza la fotosíntesis (está verde) o ha acumulado reservas, y es sumidero cuando ya no está verde, está creciendo en grosor o está acumulando reservas.

La distribución de los fotoasimilados en la planta se realiza según la importancia relativa de los sumideros. La floración y la formación de frutos y semillas son procesos de gran intensidad metabólica, y solamente cuando estos requerimientos han sido satisfechos podrán recibir fotoasimilados otros sumideros. Por ejemplo, en las plantas anuales cesa el crecimiento de las raíces cuando llega la floración.

LECTURA

Aprovechamiento de la luz por las plantas

La disposición de las hojas en las plantas tiene por finalidad, en muchos casos, el mayor o menor aprovechamiento de la luz. Las plantas adaptadas a vivir en lugares sombríos disponen sus hojas como si fueran un mosaico, con el fin de que ninguna de ellas quite la luz a las demás. Esto puede observarse muy bien en la hiedra, cuyas hojas encajan en el hueco que han dejado sus vecinas; para ello, los pecíolos de las hojas son tan cortos o tan largos y están tan torcidos o tan vueltos como sea necesario para formar el mosaico.

En el extremo opuesto están las plantas que tienen que protegerse de alguna manera del exceso de luz. Los eucaliptos de Australia, cuando necesitan protegerse de una transpiración excesiva disponen sus hojas de forma que presentan sus cantos a los rayos del sol; por este motivo, los bosques de eucaliptos dan muy poca sombra, salvo cuando las hojas son movidas por el viento.

El girasol es una planta muy productiva, por su gran capacidad de fotosíntesis; ello se debe a la posibilidad que tiene esta planta de aprovechar al máximo los rayos solares, como consecuencia de la facultad de orientar sus hojas hacia el sol durante las horas de luz diurna.

Una curiosa adaptación de la vida de algunas plantas para buscar la luz es la de las llamadas plantas estranguladoras. Los bejucos son unas plantas trepadoras que viven en las selvas tropicales, en donde se encaraman a los troncos y ramas de los árboles, envolviéndolos con una densa maraña de raíces y ramas hasta que producen la estrangulación y muerte del árbol.

Uno de estos bejucos, emparentado con las higueras, trepa sobre su víctima de tal manera que la ahoga indefectiblemente con sus ramificaciones, como si fueran cables de acero. Las semillas de este bejuco germinan directamente en las ramas de los árboles, llevadas por los pájaros que comen sus frutos. Produce dos tipos de raíces: unas crecen alrededor de las ramas del árbol y otras descienden hacia el suelo. Cuando las raíces descendientes penetran en el suelo, el crecimiento del bejuco se acelera, y forma muchas ramas y raíces que se ramifican sobre el árbol sustentador. Al cabo del tiempo, la maraña de raíces y ramas del árbol estrangulador estrujan de tal forma al árbol sustentador que la savia de éste deja de circular y el árbol muere asfixiado. Una vez que esto ocurre, el estrangulador se ha convertido ya en un árbol independiente.

El motivo de esta forma de actuar está en que en la tupida selva tropical existe una gran competencia por la luz. Una planta joven nacida de una semilla situada en el suelo tiene muy pocas probabilidades de sobrevivir, a no ser que esté adaptada a vivir en la penumbra o que su rápido crecimiento le permita llegar pronto a zonas más altas en donde hay más luz. Los árboles estranguladores resuelven el problema trepando por otros árboles hasta que alcanzan una zona más iluminada.

Aprovechamiento de la energía en la fotosíntesis

Se ha comprobado que el oxígeno liberado en el proceso de la fotosíntesis procede exclusivamente del agua, lo cual exige el rompimiento o diálisis de las moléculas de agua por la acción de la luz. Ahora bien, los fotones de la luz, por separado, no tienen la energía suficiente para realizar este fenómeno; se necesita un sensibilizador que pueda absorber fotones y almacenar su energía hasta que se haya acumulado la suficiente para verificar el proceso. Este sensibilizador es la clorofila.

La clorofila absorbe la luz de todo el espectro visible, aunque con distinto grado de intensidad. La zona más efectiva corresponde al color rojo, pero aun así el rendimiento en esta zona no llega, ni con mucho, al 50%. Teniendo en cuenta, además, que la radiación visible representa menos del 50% de la radiación solar total, se calcula que el rendimiento máximo teórico de la utilización de la energía solar por las plantas es de un 11%.

En experimentos muy controlados se han conseguido rendimientos muy próximos al citado anteriormente; pero en las plantas que crecen libremente los rendimientos son mucho más bajos, no sobrepasando en muchas ocasiones el 1%. Las diferencias entre el rendimiento teórico y los conseguidos en la práctica habitual de cultivo son debidos a numerosos factores, que inciden en mayor o menor grado, tales como: nivel de iluminación, disponibilidad de dióxido de carbono, temperatura, humedad, etc.

Las grandes diferencias entre el rendimiento teórico de la fotosíntesis y los rendimientos conseguidos en la práctica han incitado a los técnicos a investigar el mejor aprovechamiento de la energía solar por las plantas.

La energía almacenada en la materia orgánica sintetizada por las plantas se puede recuperar mediante la combustión u otro proceso de desintegración. Al quemar un kilogramo de la materia seca de las plantas se recuperan unas 5.000 kilocalorías. En las regiones tropicales húmedas donde las plantas crecen durante todo el año, se pueden conseguir, en los casos más favorables, unos 10 kg de materia seca por metro cuadrado de superficie de cultivo, que al quemar suministrarían 50.000 kilocalorías. Suponiendo que en estas regiones el sol proporciona anualmente 1.700.000 kilocalorías por metro cuadrado, la combustión de la materia orgánica formada nos permite recuperar un 3%, aproximadamente, de la energía solar incidente sobre el terreno de cultivo.

Mediante un cultivo intensivo de plantas específicamente seleccionadas para producir una gran cantidad de materia orgánica, se podría conseguir una producción anual de 20 kg de materia seca por metro cuadrado, que transformada en calor mediante la combustión representaría un aprovechamiento del 6% de la energía solar. Al transformar ese calor en energía mecánica y después en energía eléctrica, el rendimiento se reduce a la tercera parte, aun en el supuesto de utilizar en estos procesos la técnica más avanzada. Por consiguiente, sólo se podría aprovechar en forma de trabajo un 2% de la energía solar puesta en juego.

Cultivos energéticos

Se llaman cultivos energéticos aquellos que proporcionan una gran cantidad de biomasa, que posteriormente genera una energía alternativa a la energía producida por los combustibles fósiles. Con la combustión de la biomasa se acumula menos dióxido de carbono en la atmósfera que con la utilización de combustibles fósiles, ya que en el primer caso el dióxido de carbono producido se recicla en la fotosíntesis, mientras que el dióxido de carbono producido por los combustibles fósiles proviene de tiempos remotos.

Los cultivos energéticos son cultivos de gran rendimiento, balance energético positivo y pocas exigencias. Se pueden agrupar en tres categorías, según que se destinen, respectivamente, a producir electricidad (previa combustión en una central térmica), aceites transformados (biodiesel) o alcohol etílico hidratado (bioalcohol).

Los cultivos destinados a la producción de electricidad son especies leñosas de crecimiento rápido o herbáceas vivaces de gran producción de biomasa. Entre las primeras se utilizan el chopo y el sauce en zonas de regadío, y la robinia y el eucalipto en secanos húmedos. Se hacen plantaciones densas, con turnos breves de corta (4-6 años) y se aprovechan los rebrotes para la nueva plantación. Se pueden conseguir 10-15 toneladas de materia seca por hectárea y año.

Entre las herbáceas se pueden aprovechar los sobrantes de paja de cereales y otros residuos agrícolas, pero la planta más prometedora es el cardo *Cynara cardunculus,* que vegeta bien en secano y se adapta a los veranos secos. Cuando se seca la parte aérea quedan yemas latentes subterráneas, que rebrotan durante el invierno y la primavera siguientes, prolongándose el ciclo durante, al menos, 8 años. Pueden producir 20-35 toneladas de materia seca por hectárea y año. También puede aprovecharse para la industria de papel; su semilla contiene un 25% de aceites.

Se estima que un kilogramo de biomasa seca puede producir 1 kilovatio-hora por combustión directa, pudiendo duplicarse el rendimiento si se hace gasificación previa.

Los aceites de semillas se podrían utilizar directamente en motores lentos o como lubricantes, pero tienen varios inconvenientes: son demasiado viscosos, poco estables y producen residuos que perjudican al motor. Estos aceites tratados convenientemente dan un producto menos viscoso (el biodiesel), que mezclado con gasóleo se puede utilizar sin grandes inconvenientes.

Las plantas oleaginosas más prometedoras para producir estos aceites son la colza y el girasol. El mayor inconveniente radica en que actualmente estos biocarburantes son más caros que el gasóleo, circunstancias que sólo se puede salvar por la vía de la subvención.

El bioalcohol es alcohol etílico hidratado, que se obtiene de la fermentación de productos vegetales hidrocarbonados y posterior concentración hasta reducir el contenido de agua al 4-5%. Se utiliza mezclado con gasolina en diferentes proporciones. Esta mezcla tiene menor poder calorífico que la gasolina, pero mejora la combustión y evita la adición de plomo. Si la mezcla no supera el 10% de bioalcohol no es necesario modificar los motores.

El metanol, extraído tradicionalmente de la madera, no se utiliza como carburante, debido a su bajo poder calorífico y por ser corrosivo y tóxico.

Sólo en circunstancias muy especiales resultaría rentable obtener bioalcohol por destilación de excedentes vinícolas, fermentación de la remolacha azucarera o hidrólisis y fermentación de cereales o patatas. Es preferible utilizar plantas más o menos rústicas que produzcan gran cantidad de biomasa. Los mejores resultados se obtienen de la pataca y el sorgo dulce en regadío, y *Onopordum nervosum* en secano.

La pataca produce hasta 70-80 toneladas por hectárea de tubérculos muy ricos en polisacáridos, debido a su gran eficiencia fotosintética. La hidrólisis de estos polisacáridos produce un jugo de fructosa y glucosa que se puede transformar fácilmente en alcohol. De cada 12 kg de tubérculos se obtiene un litro de alcohol etílico.

El sorgo dulce produce hasta 80 toneladas de materia verde por hectárea, de las cuales 10 toneladas son azúcares, que se transforman en unos 3.800 litros de alcohol etílico. El resto de la materia seca se puede utilizar para combustible o papel.

Se han ensayado cultivos de algunas especies de la flora silvestre española que se adapten a veranos secos y tierras marginales y, a la vez, tengan gran potencial agroenergético. La más prometedora hasta la fecha ha sido *Onopordum nervosum,* que en ciclo bienal puede producir más de 40 toneladas de materia seca y 4 toneladas de semilla por hectárea. Otras especies que también se han ensayado han sido: *Carthemus arborescens, Cirsium scabrum, Euphorbia lathyris, Arundo donax* y algunas especies extranjeras, tales como el jacinto de agua, el guayule y la hierba elefante o junco chino.

4. Desarrollo de las plantas

El desarrollo de las plantas se refiere al crecimiento ordenado de las mismas, con la consiguiente diferenciación de tejidos y órganos. Comprende dos procesos: el *crecimiento,* que corresponde a los cambios de tamaño, y la *diferenciación,* que corresponde a cambios estructurales y fisiológicos.

El crecimiento

El crecimiento de una célula, tejido, órgano u organismo se define como un aumento irreversible de su tamaño y peso. La planta toma del medio sustancias que transforma en sus propios constituyentes. Como consecuencia del metabolismo, la planta obtiene una ganancia de energía y materia orgánica, que posteriormente utiliza la planta entera o algunos de sus constituyentes para su crecimiento.

Una de las características del crecimiento de la planta es su localización, esto es, que ocurre solamente en unas zonas muy determinadas llamadas *meristemas.* El crecimiento en longitud se origina en los meristemas primarios, mientras que el crecimiento en grosor se origina en los meristema secundarios.

En el crecimiento de una planta o de un órgano de la planta, que se debe a un aumento del número de células y una expansión de las mismas, se diferencian tres etapas:

- *Etapa inicial,* de crecimiento lento, que corresponde al primer período de la planta.
- *Etapa central,* de crecimiento rápido, que coincide con el período vegetativo.
- *Etapa final,* en donde el crecimiento va decreciendo hasta que se anula. Comprende las etapas de floración y maduración del fruto.

Los distintos procesos relacionados con el crecimiento interaccionan entre sí. Por ejemplo, el crecimiento de la parte aérea de la planta implica unas mayores necesidades de agua y nutrientes, lo que se equilibra con un mayor crecimiento del sistema radical. En ocasiones el desarrollo de algunos órganos de la planta implica el cese del crecimiento de otros. Por ejemplo, cuando se desarrollan los frutos cesa el crecimiento vegetativo; durante la floración cesa por completo el crecimiento de la raíz.

La diferenciación

La diferenciación es un proceso del desarrollo mediante el cual las células indiferenciadas se transforman en células especializadas para realizar determinadas funciones.

Todas las células de una planta proceden de una sola célula (el cigoto o la espora); pero muchas plantas tienen la capacidad de regenerar órganos o partes perdidas, e incluso la posibilidad de originar una planta entera a partir de una parte seccionada. Esta propiedad se debe a que la mayoría de las células de la planta son *totipotentes,* es decir son capaces de formar cualquier estructura de la planta. Un ejemplo típico es el de la begonia, que puede originar una nueva planta a partir de un fragmento de hoja; una célula epidérmica de la hoja se transforma en meristemática, se divide y después de la correspondiente diferenciación da lugar a una nueva planta.

Los conocimientos actuales en nutrición y diferenciación de las plantas han permitido desarrollar diferentes técnicas de cultivos vegetales «in vitro», que tienen dos modalidades:

- Cultivo en medio nutritivo líquido, en donde se consiguen células aisladas y agregados celulares.
- Cultivo en medio nutritivo sólido (agar), en donde se obtiene un crecimiento indiferenciado (callo) o diferentes grados de diferenciación de tejidos y órganos.

Reguladores del crecimiento

Las *hormonas vegetales o fitohormonas* (del griego «phiton»: planta) son sustancias que en pequeñas cantidades o bajas concentraciones promueven, inhiben o modifican el desarrollo de las plantas. Se producen en determinados tejidos y normalmente son transportadas a otros en donde ejercen su acción, aunque también pueden ejercerla en los mismos tejidos en donde se formaron.

Para que un automóvil circule bien por una carretera es necesario que pueda acelerar o frenar en determinados momentos. Del mismo modo, la supervivencia de una planta depende de que pueda acelerar o frenar su desarrollo en determinadas circunstancias favorables o adversas, respectivamente.

En muchas ocasiones las fitohormonas estimulan un determinado proceso y frenan otros. Por ejemplo, en muchas plantas la yema terminal de un ramo origina un brote mucho más desarrollado que los originados por las demás yemas, e incluso algunas de estas yemas permanece en estado latente, sin desarrollarse. Cuando la yema terminal ha sido dañada, las yemas laterales producen brotes más desarrollados. Ello se debe a que la fitohormona presente en los brotes terminales actúa como mensajero químico que coordina los fenómenos de crecimiento y diferenciación de tejidos en diversas partes de la planta.

Existen numerosas sustancias orgánicas sintéticas que presentan una actividad biológica similar a la de las fitohormonas. Todas estas sustancias, naturales y sintéticas, que a baja concentración actúan sobre el crecimiento de las plantas se llaman *reguladores del crecimiento.* Todas las fitohormonas son reguladoras del crecimiento, pero no todos los reguladores de crecimiento son fitohormonas.

En ocasiones los reguladores del crecimiento sintéticos estimulan unos procesos y frenan otros, dependiendo de la especie de planta tratada y de la dosis aplicada: a dosis bajas producen el mismo efecto que los reguladores de crecimiento naturales; a dosis altas aparecen malformaciones en la planta y desarrollos exagerados; a dosis muy altas producen la muerte de las plantas.

En la actualidad se conocen 5 grupos de reguladores de crecimiento:

- *Auxinas.* Sus principales efectos son: activan el crecimiento en longitud de las células y el crecimiento en grosor de los tallos, estimulan la emisión de la raíz en esquejes y estacas, inhiben la caída de hojas y frutos y provocan la formación de frutos *partenocárpicos,* es decir formados sin fecundación previa (del griego «partenos»: virgen, y «carpos»: fruto).
- *Giberelinas.* Su efecto principal consiste en estimular el crecimiento longitudinal de los tallos. Entre otros efectos destacan: inducción a la formación de frutos partenocárpicos, eliminación de la dormición en yemas y semillas y retraso de la maduración en algunos frutos.
- *Citoquininas.* Los principales efectos de este grupo son: activar el crecimiento de las yemas laterales, inducir la formación de frutos partenocárpicos, estimular la formación de tubérculos en la patata y eliminar la dormición de yemas y semillas en algunas especies.
- *Acido abscísico.* Inhibe muchos fenómenos de crecimiento. Otros efectos destacables son: favorecer la dormición de yemas y semillas y provocar la caída (abscisión) de hojas y frutos.
- *Etileno.* Se produce sobre todo en el fruto. Sus principales efectos son: induce la maduración de frutos, eli-

mina la dormición de yemas (sobre todo en tubérculos y bulbos) y estimula el crecimiento de las raíces.

Entre las aplicaciones agronómicas de los reguladores del crecimiento merece destacar:

- Enraizamiento de estaquillas en árboles frutales, vid, pino marítimo, plantas ornamentales, etc.
- Supresión del período de letargo en la patata de siembra, así como evitar el entallado de la patata de consumo almacenada.
- Reducir el crecimiento de árboles frutales (lo que facilita las operaciones de cultivo) y del tallo de los cereales (lo que aumenta su resistencia al encamado).
- Inducir la floración de frutales, con lo que se consigue una floración sincronizada y una fructificación uniforme.
- Facilitar el cuajado de frutos, así como modificar el tamaño y la forma de algunos frutos, como, por ejemplo, alargar el racimo en la vid para aumentar la distancia entre las uvas y reducir riesgos de enfermedades.
- Aclareo químico de flores y frutos, que sustituye al aclareo manual, prohibitivo en muchos casos por el coste de la mano de obra.
- Retrasar la abscisión de los frutos, con lo que disminuye la caída de la fruta madura.
- Eliminación de las malas hierbas mediante herbicidas, que son reguladoras de crecimiento utilizados en dosis adecuadas para producir la muerte de las malas hierbas.

Fotomorfogénesis

La *morfogénesis* (del griego «morphe»: forma, y «génesis»: generación) se puede definir como el conjunto de fenómenos relativos al desarrollo de los tejidos y órganos vegetales, así como a la posible regulación hormonal de los procesos.

Con independencia del proceso fotosintético, las plantas tienen mecanismos capaces de captar la duración, intensidad y composición espectral de la luz, lo que les permite relacionarse con el medio exterior y ajustar su ciclo biológico a las condiciones ambientales. La *fotomorfogénesis* se refiere al control del desarrollo de las plantas —crecimiento, diferenciación y morfogénesis— causado por la luz.

En la mayoría de los procesos fisiológicos regulados por la luz interviene un pigmento, denominado *fitocromo,* que controla, entre otros, los siguientes procesos:

- Germinación de las semillas.
- Formación y crecimiento de las hojas.
- Síntesis de clorofilas.
- Regulación de la floración.
- Dormición de yemas.
- Formación de tubérculos y bulbos.
- Diferenciación de estomas.

Fotoperíodo y fotoperiodismo

Se llama *fotoperíodo* a la duración del período diario de luz, que varía según la latitud y las estaciones del año. La respuesta fisiológica de las plantas ante el fotoperíodo se llama *fotoperiodismo.*

En muchas especies vegetales la floración está inducida por un determinado fotoperíodo óptimo; se podría considerar como un mecanismo de adaptación para que la reproducción se realice en la época del año con las condiciones ambientales más apropiadas.

Según los requerimientos de fotoperíodo óptimo, las plantas se pueden clasificar en tres grupos:

- *Plantas de día corto.* Necesitan para florecer un fotoperíodo inferior a cierto número de horas, que es distinto según las especies. A este grupo pertenecen, entre otras: arroz, soja, tabaco, maíz, sorgo, crisantemo, cafeto.
- *Plantas de día largo.* Son aquellas que requieren para florecer un fotoperíodo superior a cierto número de

horas, que difiere de unas especies a otras. Pertenecen a este grupo, entre otras: trigo, avena, remolacha, espinaca, zanahoria, lechuga, cebolla. Algunas plantas de este grupo (espinaca, lechuga) se cultivan durante períodos de día corto, con el fin de aprovechar sus hojas, que forman una roseta apretada. En días largos estas plantas alargan los entrenudos («se crecen») e inician la floración.

- *Plantas indiferentes.* En ellas la floración es independiente del fotoperíodo. A este grupo pertenecen, entre otras: algodón, girasol, patata, judía, tomate, pepino, pimiento, melón, sandía, espárrago, guisante.

En muchas plantas la respuesta al fotoperíodo es bastante compleja. En general, las especies originarias de zonas tropicales y subtropicales son de día corto, que florecen en otoño e invierno en climas templados, mientras que las originarias de zonas templadas son de día largo, que florecen en primavera y verano.

Vernalización

La floración se produce normalmente bajo un fotoperíodo y una temperatura adecuados. Pero algunas plantas necesitan, además, un período previo de frío durante la fase de semilla hidratada o de planta joven. La *vernalización* consiste en adquirir la capacidad de iniciar o acelerar la floración mediante el estímulo del frío. Entre las plantas que necesitan vernalización se encuentran:

- Los cereales de invierno, que se siembran en otoño y espigan al año siguiente. Si no padecen el frío invernal su floración es escasa y tardía y la cosecha se resiente notoriamente. Cuando las semillas hinchadas de estos cereales se someten durante algunas semanas a una temperatura de 2-3 °C, y posteriormente se siembran en primavera, las plantas nacidas florecen al mismo tiempo que aquellas otras procedentes de semilla sembrada en otoño.

- La mayoría de las plantas bienales, que necesitan dos años para completar su ciclo. Normalmente se siembran en primavera y florecen en la primavera siguiente, después de pasar el frío invernal. Si se protegen del frío pueden permanecer sin florecer durante varios años. En países tropicales estas plantas pueden vegetar varios años sin florecer. La remolacha puede subir a flor durante el primer año cuando sobreviene un período de frío muy intenso al principio de la vegetación.
- Muchas plantas perennes necesitan pasar por un período frío cada invierno para poder florecer en la primavera siguiente.

En algunas especies la necesidad de vernalización es absoluta, como ocurre en muchas plantas bienales, que no florecen sin ella. Otras especies —como el trigo y el centeno, entre otras— responden a la vernalización relativamente, siendo tanto más positiva la floración cuanto mayor es el tiempo de vernalización.

Algunos reguladores de crecimiento influyen sobre la vernalización, como es el caso de las giberelinas, que inducen a la floración de algunas plantas sin necesidad de un período frío previo.

La dormición

La *dormición* es un estado en el que el crecimiento de una planta completa o de un determinado órgano vegetal queda interrumpido temporalmente. Este estado se da no sólo en las esporas (en plantas inferiores) o en las semillas (en plantas superiores), sino también en otros órganos, tales como yemas, tubérculos, rizomas y bulbos.

Existen dos tipos de dormición:

- *Dormición impuesta.* Se produce cuando las condiciones del medio son desfavorables para el crecimiento: temperaturas bajas o elevadas, sequía, fotoperíodos no apropiados, etc. En estos casos, las plantas reaccionan ante las condiciones desfavorables interrumpiendo el crecimiento hasta que las condiciones vuelven a ser favorables. Es el caso de la mayoría de las plantas de pradera, que interrumpen su crecimiento cuando la temperatura desciende por debajo de 5 °C.

- *Dormición innata.* Las condiciones desfavorables del medio no son la causa directa de la dormición, sino que ésta se produce por condiciones adversas dentro del órgano que entra en dormición. Muchas semillas son incapaces de germinar aunque se pongan en buenas condiciones de germinación; muchas especies arbóreas de climas templados forman yemas en agosto, cuando las condiciones del medio todavía son favorables para el crecimiento.

El fenómeno de dormición mejor estudiado es el de semillas y yemas, que son las partes de la planta relacionadas, respectivamente, con la propagación y la continuación del desarrollo.

Dormición de semillas

La dormición de la semilla influye en el desarrollo posterior de la planta, ya que las causas que la provocan están ligadas a factores que influyen decisivamente en ese desarrollo. Las principales causas que determinan la dormición son:

- Subdesarrollo del embrión o disminución de su actividad.
- Requerimientos especiales de luz y temperatura.
- Impermeabilidad de las cubiertas seminales al agua y al aire.
- Presencia de sustancias inhibidoras en la propia semilla.

La dormición facilita la dispersión de la propia semilla, tanto en el espacio como en el tiempo, al diferir o escalonar su germinación. Las semillas producidas en el año experimentan mayores riesgos si germinan todas a la vez que si lo hacen escalonadamente en años sucesivos.

Muchas semillas de malas hierbas necesitan una determinada intensidad de luz para germinar, por lo que sólo pueden hacerlo las que se encuentran junto a la superficie del suelo, mientras que las demás se mantienen en reserva hasta que las sucesivas labores agrícolas las acerquen a la superficie.

En los frutos carnosos la dispersión se facilita mediante los animales que se comen esos frutos. Los inhibidores contenidos en las semillas se eliminan al pasar por el aparato digestivo. En otros casos, los ácidos digestivos escarifican las cubiertas seminales de las semillas duras, lo que facilita la germinación.

Las semillas de especies pirofitas (cuya propagación se facilita con los incendios) contienen en sus cubiertas unos inhibidores que se destruyen con temperaturas altas. Además, estas temperaturas pueden escarificar las cubiertas de algunas semillas que son impermeables al agua —como ocurre en algunas especies de jaras— lo que facilita su germinación.

Dormición de yemas

En la mayoría de las especies leñosas de climas templados, las yemas, que se diferencian durante el período de crecimiento, entran en dormición a finales de verano y salen de este estado en la primavera siguiente. Su actividad metabólica se mantiene muy baja o se anula, merced a que se protegen con escamas que previenen del frío y la desecación.

El factor más decisivo que induce a la formación de yemas es el fotoperíodo. El alargamiento de los días provoca el crecimiento vegetativo, mientras que el acortamiento de los mismos provoca la interrupción del crecimiento, la formación de yemas y la dormición de las mismas. Al llegar los días largos en primavera las yemas recuperan su actividad, aunque también se necesita una temperatura suficientemente elevada para permitir el crecimiento normal de los brotes.

Germinación de la semilla

La semilla es la etapa de la vida de la planta que mejor se adapta para resistir las condiciones ambientales adversas. Durante un período de tiempo más o menos largo, las actividades vitales de la semilla se reducen al mínimo, esperando que se den las condiciones favorables para la germinación. Cuando se dan estas condiciones la semilla germina, dando lugar a una nueva planta; si no se dan esas condiciones la germinación no se produce.

El proceso de germinación comienza cuando se recupera de nuevo la actividad biológica, como resultado de una serie de acontecimientos que se suceden de forma escalonada. Normalmente el proceso abarca tres etapas:

- *Fase de hidratación.* Comienza la absorción de agua por parte de los tejidos de la semilla. Esta absorción creciente de agua va acompañada de un incremento progresivo de la actividad respiratoria.
- *Fase de germinación.* Se estabiliza la absorción de agua y la actividad respiratoria y se producen importantes transformaciones metabólicas, en donde las complejas sustancias de reserva se transforman en otras más sencillas, asequibles al embrión.
- *Fase de crecimiento.* Se inicia el alargamiento de la radícula y se incrementa de nuevo la absorción de agua y el consumo de oxígeno.

Una vez iniciada la germinación el proceso es irreversible. Si la semilla no puede pasar a la fase de crecimiento, se muere. Los factores ambientales que más influyen en la germinación son: la humedad, la temperatura y la aireación.

La *longevidad* de la semilla es el tiempo en que mantiene su capacidad de germinación. Varía mucho de unas especies a otras; así, por ejemplo, mientras que la semilla del chopo permanece viable durante unas pocas semanas, la de algunas leguminosas conservan su viabilidad hasta 100 años o más. Por lo general las cifras medias varían de 5 a 20 años.

Formación y maduración del fruto

El fruto es el ovario de la flor fecundado y maduro. A veces en la formación del fruto participan otros órganos de la flor diferentes a los carpelos, tales como: pedúnculo, receptáculo, brácteas, etc.

La formación del fruto y de las semillas está inducida por el polen, por lo que aquellos factores externos que afectan a la polinización influyen en el desarrollo del fruto. Posteriormente las semillas ejercen una gran influencia en el desarrollo de los tejidos del fruto. Si alguna de ellas no se desarrolla se originan frutos con anomalías en su tamaño y forma, ya que sólo se desarrollan normalmente las partes del fruto próximas a las semillas viables, quedando el desarrollo muy retardado junto a las semillas no viables.

Durante las primeras semanas que siguen a la fecundación el ovario crece con rapidez, sin cambiar apenas su aspecto. Posteriormente disminuye el crecimiento hasta que cesa por completo y empieza el período de maduración, con una enorme actividad enzimática que determina cambios de color, olor, sabor y textura. El proceso de maduración ocurre tanto en los frutos que permanecen en la planta como en los separados de ella.

Los cambios de color se deben a que varía el contenido de pigmentos: disminuye la clorofila (color verde) y, por lo general, aumentan los carotenoides (color rojizo). Desaparecen los taninos —responsables del sabor característico de los frutos sin madurar— y se hidrolizan el almidón y las pectinas, que hacen a los frutos más dulces. Se produce una gran cantidad de sustancias aromáticas (alcoholes, cetonas, ésteres, etc.), que dan a los frutos maduros los olores característicos, a la vez que se ablandan sus tejidos.

Durante la maduración se incrementa la tasa de respiración, que es muy alta al principio y disminuye conforme avanza el proceso; pero al llegar a la madurez se produce un incremento rápido e intenso, para disminuir posteriormente a medida que el fruto envejece. El período en que se produce este aumento súbito de la respiración, con las siguientes transformaciones metabólicas, recibe el nombre de *climaterio*. Por el general coincide con el momento en que el fruto alcanza la mejor calidad para el consumo.

El climaterio está muy poco marcado en algunos frutos, por lo que éstos suelen clasificarse en *climatéricos* y *no climatéricos,* según que haya o no un aumento notable de la respiración. La mayoría de los frutos se cosechan antes de la maduración completa; por tanto, experimentan el climaterio en el almacén.

Entre los frutos climatéricos están: albaricoque, aguacate, chirimoya, higo, manzana, melocotón, melón, pera, plátano, tomate, sandía. Entre los no climatéricos están: calabaza, cereza, fresa, limón, mandarina, naranja, piña, pomelo, uva.

Envejecimiento de las plantas y sus órganos

Tanto en las plantas como en sus órganos se diferencian tres etapas fisiológicas:

1. *Juventud*. Empieza cuando aparece la plántula después de la germinación y termina cuando aparecen las estructuras reproductoras. Su duración varía mucho de unas especies a otras: unas pocas semanas en las plantas anuales, un año en las bisanuales y varios años en las perennes. Algunas especies, como la pita y el bambú, permanecen en esta etapa durante 20 ó 30 años, posteriormente forman las estructuras reproductoras y mueren en poco tiempo.
   Un órgano de crecimiento limitado, como la hoja, está en etapa juvenil cuando todavía no ha alcanzado su tamaño definitivo. En una misma planta suele haber hojas de diferentes edades, que se colocan gradualmente en la misma rama.

La etapa juvenil se caracteriza por una gran actividad metabólica y un crecimiento rápido. Viene determinada por factores hormonales, con niveles altos de auxinas.

2. *Madurez*. Empieza cuando aparecen las estructuras reproductoras, que demandan una gran cantidad de nutrientes, por lo que disminuye el crecimiento vegetativo. La duración de esta etapa varía mucho según especies: en las plantas monocárpicas (que fructifican una sola vez) dura unas pocas semanas, mientras que en las plantas perennes dura una buena parte de su vida.
   La etapa de madurez de cualquier órgano comienza cuando éste alcanza su mayor tamaño y puede realizar sus funciones específicas.
   Durante esta etapa predominan los procesos anabólicos sobre los catabólicos. Su inicio viene determinado por una disminución del contenido de auxinas.

3. *Vejez*. En esta etapa se produce una degradación estructural y funcional que termina con la muerte de la planta o de las estructuras afectadas. Predominan los procesos catabólicos sobre los metabólicos.
   Las hormonas vegetales juegan un papel importante en este proceso: el ácido abscísico acelera el envejecimiento, mientras que las giberelinas y citoquininas lo retrasan. El etileno acelera el envejecimiento de los órganos vegetales de un modo semejante a como estimula la maduración de los frutos, que se puede considerar también como un proceso de envejecimiento.
   El envejecimiento de algunas estructuras de la planta forma parte de su normal desarrollo, como es el caso de los vasos del xilema, que funcionan cuando mueren sus células después de un proceso de envejecimiento.

Envejecimiento de las hojas

Aunque el envejecimiento afecta a toda la planta, no lo hace de forma simultánea en todas sus estructuras. En el caso de las gramíneas, las hojas basales envejecen y mueren cuando aún van apareciendo nuevas hojas apicales. Debido a la poca luz que reciben, la fotosíntesis de las hojas basales no compensa a su consumo respiratorio, por lo que la planta prefiere eliminar estas hojas después de recuperar la mayor parte de sus reservas, que pasan a las hojas apicales.

En las plantas de hoja caduca en climas fríos o templados, la caída de la hoja se produce en otoño. A estas plantas les resulta más rentable formar nuevas hojas en primavera que permanecer con las hojas anteriores durante el invierno. Estas últimas aportarían muy pocos productos fotosintéticos y contribuirían al enfriamiento de la planta, debido a la transpiración. La mayor parte de las reservas contenidas en las hojas se trasladan al tallo y la raíz antes de la caída de aquéllas, mientras que permanece en ellas el exceso de sales.

III. SISTEMÁTICA

5. Clasificación de las plantas

Los seres vivos se pueden agrupar en conjuntos de individuos que se parecen entre sí en algún carácter o atributo y que, a su vez, se diferencian de otros grupos. La *sistemática* es la ciencia que regula la ordenación de los seres vivos.

Sistemas de clasificación

Un sistema de clasificación de las plantas es un plan que permite ordenarlas con arreglo a unos caracteres comunes. Un *sistema artificial* es aquel que utiliza criterios elegidos arbitrariamente, y por ello puede reunir en un mismo grupo a plantas no emparentadas, aunque compartan caracteres fáciles de observar. El más conocido de los sistemas artificiales es el establecido por Linneo en 1753, que divide a las plantas en dos grandes grupos:

- *Criptógamas.* Son las plantas que tienen el sistema de reproducción más o menos oculto.
- *Fanerógamas.* Son las plantas que tienen los órganos reproductores bien visibles.

Un sistema de *clasificación natural* trata de ordenar las plantas atendiendo a consideraciones *filogenéticas* (del griego «philon»: planta, y «genos»: origen), es decir, que trata de establecer relaciones de proximidad entre plantas que proceden de un antepasado común.

Las *categorías taxonómicas* (del griego «taxis»: orden, y «nomos»: norma) más usuales en el reino de las plantas y su nomenclatura más usual son las siguientes:

Categoría	**Terminación más usual**	**Ejemplo**
División	phyta	Tracheophyta
Clase	opsida o atae	Coniferopsida
Orden	ales	Coniferales
Familia	aceae	Pinaceae
Género		Pinus
Especie		Pinus pinaster

En algunas familias se utilizan también los nombres antiguos. Por ejemplo: Fabaceae y Leguminosas, Apiaceae y Umbelíferas, Asteraceae y Compuestas, Poaceae y Gramíneas, etc.

Con frecuencia se utilizan algunas denominaciones que no concuerdan con las categorías taxonómicas, y que son el resultado de la evolución del conocimiento de la botánica. Por ejemplo, el nombre de *coníferas* (del latín «conus»: piña de pino, y «ferre»: llevar) tiene correspondencia taxonómica; pero en contraposición a estas plantas se utiliza el nombre de *frondosas,* que no tiene correspondencia taxonómica.

El nombre científico de las especies consta de dos términos latinos:

- El nombre genérico, que se escribe con mayúscula inicial.
- Un epíteto específico, escrito con minúscula, que concreta la especie dentro de cada género.

Por ejemplo *Pinus pinaster* es la nomenclatura binaria que designa al pino cuyos nombres vulgares en lengua castellana son: resinero, rodeno, rodezno, negral, bravo, gallego. El epíteto «pinaster» fue utilizado por los romanos para designar a un pino distinto del piñonero, al que designaban con la palabra «pinus». El sufijo «aster» hace referencia a algo falso, aludiendo a que producía piñones muy pequeños.

Los nombres de géneros y especies se escriben en letra cursiva o se subrayan.

Las especies cultivadas comprenden, por lo general, un mayor o menor número de *variedades,* que se diferencian entre sí por algunas características secundarias; mayor o menor producción, resistencia a la sequía, etc. Las variedades no se conservan por sí mismas en la naturaleza, sino que requieren la intervención del hombre.

Clasificación de las plantas

El reino de las plantas comprende dos divisiones:

- *Briophyta (briofitos).* Carecen de tejidos vasculares. La generación dominante y sobresaliente es el gametofito. Comprende: hepáticas, antoceros y musgos.
- *Psilophyta (traqueofitos o plantas vasculares).* El cuerpo diferencia varios tipos de tejidos, en particular el vascular (al que alude su nombre). La generación dominante y sobresaliente es el esporofito. Comprende los helechos y plantas afines y las plantas con semilla o *espermafitos* (del griego «esperma»: semilla, y «phiton»: planta).

Según el criterio reproductivo las plantas se dividen en:

- *Criptógamas* (del griego «criptos»: oculto, y «gamos»: unión). Tienen los órganos reproductores ocultos.
- *Fanerógamas* (del griego «faneros»: visible, y «gamos»: unión). Tienen los órganos reproductores visibles. Se reproducen por semilla *(espermafitos).*

Las fanerógamas a su vez, se dividen en:

- *Gimnospermas* (del griego «gimnos»: desnudo, y «esperma»: semilla). Tienen los óvulos a descubierto.

- *Angiospermas* (del griego «angion»: cavidad, y «esperma»: semilla). Tienen los óvulos encerrados en una cavidad (el ovario). Plantas con flores o *antofitos* (del griego «antos»: flor, y «phyton»: planta).

A su vez, las angiospermas se dividen en:

- *Dicotiledóneas.* El embrión contiene dos cotiledones.
- *Monocotiledóneas.* El embrión contiene un cotiledón.

CLASIFICACIÓN DE LAS PRINCIPALES ESPECIES DE INTERÉS AGRÍCOLA O FORESTAL

Gimnospermas

Pináceas	*Abies alba.* Abeto blanco, pinabete
	Abies pinsapo. Pinsapo
	Pseudotsuga douglasii. Abeto de Douglas
	Cedrus libani. Cedro del Líbano
	Pinus canariensis. Pino canario
	Pinus sylvestris. Pino silvestre, albar
	Pinus uncinata. Pino negro
	Pinus nigra. Pino negral
	Pinus pinea. Pino piñonero
	Pinus pinaster. Pino resinero
	Pinus halepensis. Pino carrasco
Cupresáceas	*Cupressus sempervirens.* Ciprés común
	Cupressus arizonica. Ciprés arizónico
	Juniperus communis. Enebro
	Juniperus sabina. Sabina común

Dicotiledóneas

Anonáceas	*Anona cherimolia.* Chirimoyo
Lauráceas	*Persea americana.* Aguacate
Platanáceas	*Platanus sp.* Plátano
Ulmáceas	*Ulmus minor.* Olmo común, negrillo
	Celtis australis. Almez
Moráceas	*Morus nigra.* Morera negra, moral
	Morus alba. Morera
	Ficus carica. Higuera
Cannabáceas	*Cannabis sativa.* Cáñamo
	Humulus lupus. Lúpulo
Juglandáceas	*Juglans regia.* Nogal

Fagáceas	*Castanea sativa.* Castaño
	Fagus sylvatica. Haya
	Quercus robur. Roble común
	Quercus faginea. Quejigo
	Quercus ilex. Encina
	Quercus suber. Alcornoque
Betuláceas	*Betula sp.* Abedul
	Corylus avellana. Avellano
Cariofiláceas	*Dianthus caryophyllus.* Clavel
Quenopodiáceas	*Beta vulgaris.* Variedad cycla: acelga Variedad rapa: remolacha
	Spinaca oleracea. Espinaca
Teáceas	*Camellia sinensis.* Arbol del té
Esterculiáceas	*Theobroma cacao.* Cacao
Malváceas	*Gossypium herbaceum.* Algodonero
Actinidáceas	*Actinidia deliciosa.* Actinidia o kiwi
Caricáceas	*Carica papaya.* Papayo
Cucurbitáceas	*Citrullus lanatus.* Sandía
	Cucumis melo. Melón
	Cucumis sativus. Pepino
	Cucurbita sp. Calabaza
Salicáceas	*Populus alba.* Alamo blanco
	Populus nigra. Alamo negro, chopo
	Salix babilonica. Sauce llorón
	Salix fragilis. Mimbrera
Crucíferas	*Brassica oleracea.* Col (variedades: repollo, lombarda, coliflor, berza, brécol, col de Bruselas)
	Brassica napus. Nabo
	Brassica rapa. Nabo gallego
	Rhaphanus sativus. Rábano
Rosáceas	*Prunus domestica.* Ciruelo
	Prunus dulcis. Almendro
	Prunus armeniaca. Albaricoquero
	Prunus persica. Melocotonero
	Prunus avium. Cerezo
	Prunus cerasus. Guindo
	Malus domestica. Manzano
	Pyrus communis. Peral
	Cydonia oblonga. Membrillero
	Eriobrotrya japonica. Níspero
	Fragaria sp. Fresa
	Fragaria virginiana. Fresón
Fabáceas	*Sophora japonica.* Acacia del Japón
	Acacia sp. Acacia verdadera
	Robinia pseudoacacia. Acacia de flor

	Cicer arietinum. Garbanzo
	Vicia sativa. Veza, arveja
	Vicia faba. Haba
	Vicia monanthos. Algarroba
	Vicia ervilia. Yero
	Lens culinaris. Lenteja
	Pisum sativum. Guisante
	Phaseolus vulgaris. Judía, habichuela, fríjol
	Glycine max. Soja
	Medicago sativa. Alfalfa, mielga
	Trifolium repens. Trébol blanco
	Trifolium subterraneum. Trébol subterráneo
	Onobrychis viciifolia. Esparceta
	Arachis hypogea. Cacahuet
	Lupinus sp. Altramuz
Cesalpináceas	*Gleditsia triacanthos.* Acacia de tres espinas
	Ceratonia silicua. Algarrobo
Mirtáceas	*Eucaliptus sp.* Eucalipto
Punicáceas	*Punica granatum.* Granado
Euforbiáceas	*Hevea brasilensis.* Arbol del caucho
	Manihot sculenta. Mandioca
Vitáceas	*Vitis vinifera.* Vid
Hipocastanáceas	*Aesculus hippocastannus.* Castaño de Indias
Rutáceas	*Citrus sinensis.* Naranjo
	Citrus limonum. Limonero
	Citrus deliciosa. Mandarino
	Citrus paradisi. Pomelo
Lináceas	*Linum usitatissimum.* Lino
Umbelíferas	*Daucus carota.* Zanahoria
Solanáceas	*Solanum melongena.* Berengena
	Solanum tuberosum. Patata
	Lycopersicon esculentum. Tomate
	Capsicum annum. Pimiento
	Nicotiana tabacum. Tabaco
Convulvuláceas	*Ipomea batatas.* Batata
Labiadas	*Lavanda híbrida.* Lavandín
Oleáceas	*Fraximus sp.* Fresno
	Olea europea. Olivo
Rubiáceas	*Coffea arabica.* Café
Asteráceas	*Cynara scolimus.* Alcachofa
	Carthamus tinctorius. Cártamo
	Helianthus annus. Girasol
	Helianthus tuberosus. Pataca
	Cichorium endibia. Escarola, endivia
	Lactuca sativa. Lechuga

Monocotiledóneas

Gramináceas	*Hordeum vulgare.* Cebada
	Triticum aestivum. Trigo común
	Triticum durum. Trigo duro
	Secale cereale. Centeno
	Avena sativa. Avena
	Stipa tenacisima. Esparto
	Lolium perenne. Ballico común
	Agrostis sp. Agrostis
	Panicum miliaceum. Mijo
	Sorghum sp. Sorgo
	Saccharum officinarum. Caña de azúcar
	Zea mays. Maíz
	Oriza sativa. Arroz
Bromeliáceas	*Ananas sativus.* Piña tropical
Musáceas	*Musa paradisiaca.* Platanero
Palmáceas	*Phoenix datylifera.* Palmera datilera
	Cocos nucifera. Cocotero
Liliáceas	*Allium cepa.* Cebolla
	Allium sativum. Ajo
	Allium porrum. Puerro
Iridáceas	*Crocus sativus.* Azafrán
Esmiláceas	*Aspargus officinalis.* Espárrago

IV. GENÉTICA

6. La herencia

Todos los seres vivos mantienen un funcionamiento ordenado, debido a una información que les permite realizar sus funciones vitales. La sustancia que contiene codificada esa información —que pasa de cualquier ser vivo a su descendencia— es el ADN (ácido desoxirribonucleico). La transmisión de esa información a la descendencia se denomina *herencia.*

Los cromosomas

El núcleo de las células contiene los *cromosomas,* cada uno de los cuales consta de dos filamentos idénticos unidos por un punto. Estos filamentos están formados por ADN asociado con proteínas. Durante el proceso de división celular los larguísimos filamentos de ADN se arrollan en espiral formando un cuerpo mucho más corto, lo que permite su observación.

El filamento de ADN está formado por unos eslabones, de los que forman parte cuatro moléculas, llamadas *bases,* que se designan con las letras A, C, G y T.

Una información genética se puede comparar con una información escrita. Esta última se realiza a partir de las letras del abecedario, siendo distinta la información según las letras que contiene y el orden o secuencia de cada una de ellas. Por ejemplo, con las cuatro letras A, O, M y R se pueden formar varias palabras o informaciones distintas según el orden en que estén escritas: AMOR, ROMA, RAMO, MORA. De una forma análoga, la información genética es distinta según la secuencia de las moléculas A, C, G y T. A partir de las distintas informaciones genéticas se forman en el interior de las células distintos tipos de proteínas, responsables de los diferentes caracteres del organismo.

Todas las células de los individuos de la misma especie contienen el mismo número de cromosomas; además ocurre que cada dos cromosomas son semejantes (pero no idénticos), y a cada uno de estos cromosomas semejantes se les llama *cromosomas homólogos.* Por tanto, cada célula contiene dos juegos de cromosomas, que se representa por 2n, esto es, n pares de cromosomas homólogos. Así por ejemplo, el trigo tiene 2n = 42 cromosomas (21 pares de cromosomas homólogos). A cada uno de los dos juegos de cromosomas se le denomina *genoma.*

En ocasiones el par de cromosomas homólogos que determina el sexo de los individuos *(cromosomas sexuales)* no son semejantes, sino que difieren mucho entre sí. Ocurre alguna vez en las plantas y es la norma general entre los animales. En el hombre, por ejemplo, hay 2n = 46 cromosomas —23 pares de cromosomas homólogos— de los cuales el par de cromosomas sexuales no son semejantes. Estos cromosomas se llaman X e Y; los varones tienen XY y las hembras tienen XX.

Los genes

Si en un determinado punto de un cromosoma (correspondiente a ambos filamentos del cromosoma) existe una información **A** que produce, por ejemplo, el color rojo de la flor, el punto correspondiente del cromosoma homólogo puede llevar la información **A** (que produce el color rojo de la flor) o la información **a**, que produce, por ejemplo, el color blanco de la flor.

Si en un lugar concreto en el filamento de ADN existe una información para la expresión de un carácter hereditario (como, por ejemplo, el color de la flor), dicha información se llama *gen.* En el ejemplo anterior el gen tiene dos formas: **A** para las flores rojas y **a** para las flores blancas. Las alternativas **A** y **a** se llaman *alelos* (del griego «alelos»: uno frente a otro), que en este caso son dos elementos (flores rojas o flores blancas), pero pueden ser varios.

Una gran parte del filamento de ADN no contiene genes, sino otras cualidades distintas.

En el lugar **A/a** se pueden dar tres combinaciones distintas:

- Los dos cromosomas homólogos llevan el alelo **A**, es decir, son **AA.**
- Los dos cromosomas homólogos llevan el alelo **a**, es decir, son **aa**.
- Uno de los cromosomas homólogos lleva el alelo **A** y el otro lleva el alelo **a**, esto es, son **Aa**.

Cuando los dos cromosomas homólogos tienen el mismo alelo (**AA** o **aa**) se dice que el individuo es *homocigótico* (del griego «homo»: igual) para ese carácter. Si llevan distinto alelo (**Aa**) el individuo es *heterocigótico* (del griego «heteros»: diferente) para ese carácter.

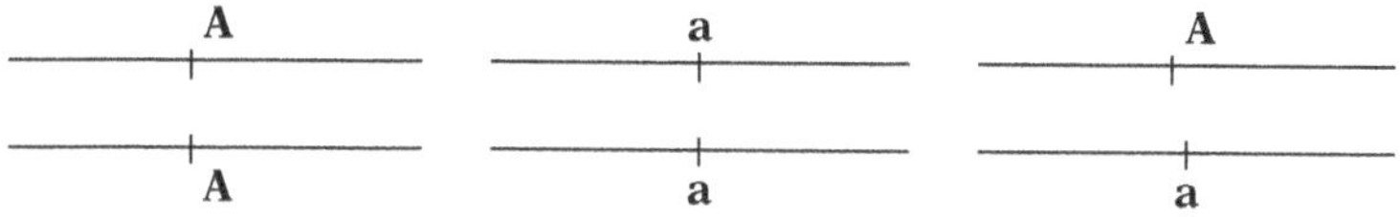

HOMOCIGÓTICO HOMOCIGÓTICO HETEROCIGÓTICO

El conjunto de genes de un individuo se llama *genotipo* (del griego «genos»: engendrar, y «tipos»: tipo). El conjunto de caracteres expresado por esos genes recibe el nombre de *fenotipo* (del griego «fainos»: aparecer, y «tipos»: tipo). En el ejemplo anterior, al genotipo **AA** le corresponde el fenotipo flor roja, y al genotipo **aa** le corresponde el fenotipo flor blanca. En el caso del genotipo **Aa** se pueden dar dos alternativas:

- El fenotipo es flor roja. En este caso se dice que **A** es *dominante* y **a** es *recesivo*.
- El fenotipo es flor rosa, intermedio entre rojo y blanco. Esta situación se llama de *herencia intermedia*.

Todas las células de un organismo proceden de una sola célula (el cigoto), que mediante un proceso continuo de reproducción celular origina los diferentes tejidos y órganos. Aunque las células de éstos son muy diferentes, todas ellas contienen el mismo ADN, que funciona como un manual de instrucciones. Cada uno de los genes equivale a una o unas pocas frases de ese manual. Todos los genes están presentes en todas las células, pero en unos tejidos se expresan, y en otros no se expresan. Por ejemplo, el gen **A** del ejemplo anterior, que produce el color rojo de las flores, está presente en todas las células de la planta, pero sólo se expresa en las células de las flores.

El ADN es el responsable del modo de ser de cada individuo, y dentro de cada individuo, de cada célula o grupo de células. Si, por ejemplo, una remolacha desciende de otra remolacha se debe a que su ADN lleva la información necesaria para que cada uno de sus genes lea la parte que le corresponde dentro del manual de instrucciones.

La constancia hereditaria. Reducción del número de cromosomas

Todas las células del organismo tienen 2n cromosomas (2 juegos de cromosomas o 2 genomas), salvo las células sexuales, que tienen n cromosomas (1 solo juego o 1 genoma). De este modo, al formarse el cigoto por la unión de los gametos masculino y femenino se recupera de nuevo la dotación 2n.

Mediante el proceso llamado *mitosis* cada célula madre origina 2 células hijas idénticas a la célula madre y, por tanto, la información hereditaria de las células hijas es exactamente igual a la de la célula madre.

Mediante el proceso llamado *meiosis* (del griego «meiosis»: disminución) se originan 4 células hijas que tienen la mitad de cromosomas que la célula madre. En este proceso ocurre un emparejamiento de cromosomas homólogos y su posterior separación, y como consecuencia de ello se produce una gran diversidad de gametos en un mismo individuo. Cuando los gametos masculino y femenino se unen para formar un nuevo individuo se logra una gran variabilidad de individuos dentro de la misma especie, lo que ha permitido su adaptación a diferentes ambientes, con la consiguiente aceleración del proceso evolutivo.

Las leyes de Mendel

El monje checoeslovaco Gregorio Mendel fundó la genética basándose en las experiencias que hizo en el jardín de su convento, cuyos resultados publicó en el año 1865. Tuvo el acierto de elegir el guisante como material de experiencia, que es una planta con flor cerrada que se fecunda a sí mismo, pero también se puede fecundar artificialmente con polen procedente de otra flor. Estudió unos cuantos pares de caracteres —semilla lisa frente a rugosa, semilla amarilla frente a verde, etc.— que toman una u otra forma, pero no producen formas intermedias y, además, se heredan con independencia unos de otros.

La experiencia se iniciaba con un cruzamiento artificial entre dos variedades de guisantes que mostraban caracteres opuestos. En las generaciones siguientes dejaba a las plantas reproducirse naturalmente, sin temor a complicaciones provocadas por el polen proveniente de otra planta.

Primera ley de Mendel

En un principio Mendel se fijó en un solo carácter, por ejemplo el color de las semillas y eligió dos clases de guisantes que se diferenciaban en ese carácter: una clase tenía siempre todas las semillas amarillas, y la otra clase tenía siempre todas las semillas verdes. Eran dos *líneas puras* con respecto a ese carácter.

Fecundó el ovario de las flores de una clase con el polen procedente de las flores de la otra clase, y de este cruzamiento obtuvo una generación de semillas (que llamó primera filial o F_1), que al sembrarlas, todas ellas dieron plantas con semillas amarillas.

La primera ley de Mendel se enuncia así: cuando se cruzan dos líneas puras con respecto a un determinado carácter, los descendientes de la primera generación son todos iguales. La explicación desde el punto de vista genético es así:

El color de las semillas está determinado por los alelos:

- **A**, dominante, que determina el color amarillo.
- **a**, recesivo, que determina el color verde.

Los parentales (P) están formados por:

- Línea pura de guisantes con semillas amarillas, cuyo genotipo es **AA**, que produce gametos **A**.
- Línea pura de guisantes con semillas verdes, cuyo genotipo es **aa**, que produce gametos **a**.

Al ocurrir la fecundación se produce una primera filial F_1 cuyo genotipo es **Aa**. Como **A** es dominante todos los individuos de la F_1 tienen las semillas amarillas.

Esquemáticamente se representa así:

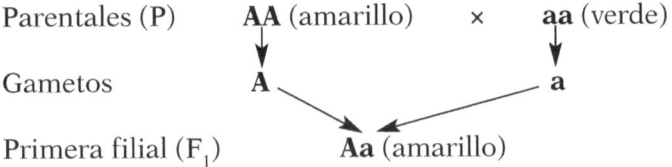

Parentales (P)	**AA** (amarillo)	×	**aa** (verde)
	↓		↓
Gametos	**A** ↘		↙ **a**
Primera filial (F_1)		**Aa** (amarillo)	

Segunda ley de Mendel

Cuando Mendel dejaba autofecundarse los guisantes de la primera filial (F_1) obtenía una segunda filial (F_2), en la cual los guisantes con semillas amarillas y semillas verdes estaban en la proporción de 3:1. Desde el punto de vista genético la explicación es como sigue:

- Los guisantes de la F_1, cuyo genotipo es **Aa**, producen gametos de dos clases: la mitad de los gametos son **A** y la otra mitad son **a**.
- Al unirse los gametos masculinos (que son **A** o **a** en la proporción de la mitad cada uno) con los gametos femeninos (que son también **A** o **a** en la misma proporción) se forman todas las combinaciones posibles dos a dos, y todas ellas ocurren con la misma probabilidad. Esquemáticamente se representa así:

Autofecundación de F_1 — **Aa** (amarillo) × **Aa** (amarillo)

Gametos — **A** **a** — **A** **a**

Segunda filial F_2

Gametos femeninos / Gametos masculinos	A	a
A	**AA** (amarillo)	**Aa** (amarillo)
a	**Aa** (amarillo)	**aa** (verde)

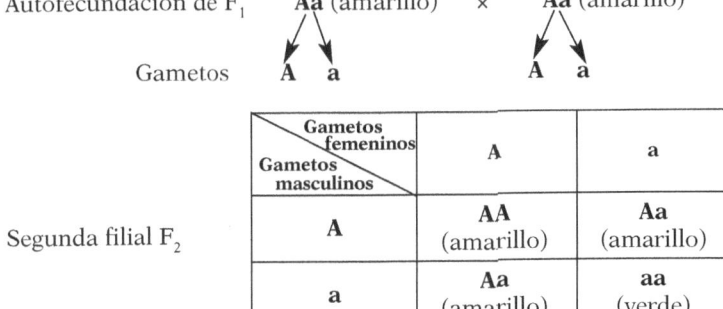

Cuando hay dominancia, los fenotipos correspondientes a los genotipos de la F_2 son: 3 amarillos y 1 verde.

La segunda ley de Mendel se enuncia así: los alelos de los parentales están juntos en la F_1, pero se separan en la F_2.

Mendel llegó a estas conclusiones de una forma experimental, sin saber nada de cromosomas, genes, mitosis, etc., puesto que todavía no se conocían.

Tercera ley de Mendel

La tercera ley dice que cada uno de los caracteres hereditarios se transmite a la descendencia con independencia de todos los demás caracteres.

Para llegar a enunciar esta ley, Mendel cruzó dos líneas de guisantes que diferían en dos caracteres: el color de la semilla y la apariencia de la superficie de la semilla.

En cuanto al color de la semilla, el color amarillo **A**, domina sobre el verde **a**; y en lo referente a la apariencia de la superficie de la semilla, el liso **B** domina sobre el rugoso **b**.

Los padres eran líneas puras de guisantes amarillos y lisos, cuyo genotipo es **AABB** y líneas puras de guisantes verdes y rugosos, cuyo genotipo es **aabb**. El cruzamiento se puede representar esquemáticamente de la siguiente forma:

(P) **AABB** (amarillo liso) × **aabb** (verde rugoso)

Gametos **AB** **ab**

F_1 **AaBb** (amarillo liso)

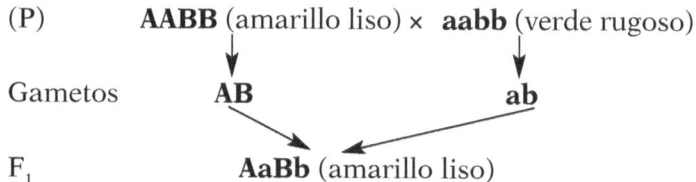

Los guisantes de la F_1, cuyo genotipo es **Aa Bb** producen gametos de cuatro clases: **AB**, **Ab**, **aB** y **ab**.

Al cruzar los gametos de la F_1 se obtiene la siguiente F_2:

Gametos femeninos / Gametos masculinos	AB	Ab	aB	ab
AB	**AABB** (amarillo-liso)	**AABb** (amarillo-liso)	**AaBB** (amarillo-liso)	**AaBb** (amarillo-liso)
Ab	**AAbB** (amarillo-liso)	**AAbb** (amarillo-rugoso)	**AabB** (amarillo-liso)	**Aabb** (amarillo-rugoso)
aB	**aABB** (amarillo-liso)	**aABb** (amarillo-liso)	**aaBB** (verde-liso)	**aaBb** (verde-liso)
ab	**aAbB** (amarillo-liso)	**aAbb** (amarillo-rugoso)	**aabB** (verde-liso)	**aabb** (verde-rugoso)

Cuando hay dominancia, los fenotipos correspondientes a los genotipos anteriores son:

9 **AB** (amarillo-liso) + 3 **Ab** (amarillo-rugoso) + 3 **aB** (verde-liso) + **ab** (verde-rugoso)

La proporción anterior es aproximada y es válida únicamente cuando se considera una población numerosa de plantas. Si se hubieran obtenido solamente 16 semillas es muy probable que la proporción obtenida hubiese variado mucho con respecto a la anterior; pero en poblaciones de más de un millar de plantas, la proporción anterior sería casi exacta.

Ampliación de los principios mendelianos

Mendel realizó sus experiencias con guisantes, lo que le permitió elaborar sus leyes. Posteriormente se realizaron múltiples experiencias con plantas y animales, comprobando que la herencia, por lo general, no se produce de un modo tan simple a como había sugerido Mendel, aunque sus principios siguen siendo válidos.

En las experiencias mencionadas hasta ahora se ha considerado que cada carácter viene determinado por un gen con dos alelos, y que uno de ellos domina sobre el otro; pero en otras ocasiones no ocurre así.

Las situaciones más significativas son:

- *Herencia intermedia.* Es el caso, por ejemplo, de un gen con dos alelos que determina un color de las flores. El genotipo **AA** produce el color rojo, el genotipo **aa** produce el color blanco, y el genotipo **Aa** produce el color rosa (intermedio entre rojo y blanco).
- *Interacciones genéticas.* En ocasiones el carácter que produce un gen viene asociado a otros genes. Esta forma de actuación, llamada *interacción genética,* admite múltiples modalidades.
- *Genes con acción cuantitativa.* En ocasiones los alelos de uno o varios genes independientes responsables de un mismo carácter tienen un valor cuantificable. Por ejemplo, los alelos **A** y **B** tienen el valor 1 y los alelos **a** y **b** tienen el valor 0. En este supuesto el genotipo **AABb** tiene valor 3, el genotipo **AaBb** tiene el valor 2, el genotipo **aabb** tiene el valor 0, el genotipo **Aabb** tiene el valor 1, etc. Estos genes, llamados *poligenes* porque sus efectos se suman, son responsables de caracteres de gran valor agronómico, tales

como: rendimiento, contenido de determinadas sustancias (azúcares, proteínas, grasas, etc.), resistencia a plagas, enfermedades o factores ambientales, etc.

Interacciones entre los genes y el medio ambiente

El fenotipo es el resultado de las interacciones entre el genotipo y el medio ambiente.

Fenotipo = Genotipo + Ambiente

Lo que se hereda es el genotipo, pero durante el desarrollo del organismo se pueden producir diferentes situaciones ambientales —luz, temperatura, humedad, nutrición, etc.— que pueden modificar la expresión del genotipo.

La influencia del ambiente sobre el fenotipo abarca diversos grados, desde drástica a suave. En el primer caso el fenotipo se altera de tal forma que la alteración parece de origen genético; es el caso, por ejemplo, de las alteraciones que producen ciertas drogas en el hombre. Algunos caracteres humanos —inteligencia, ciertas enfermedades mentales, algunas formas de cáncer— muestran unas interacciones suaves y bastante complejas.

En las plantas las interacciones genotipo-ambiente son muy acusadas cuando se comparan ambientes extremos, y mucho menores cuando se producen en ambientes más homogéneos. La mejora de las plantas se ha hecho, por lo general, en un ambiente predeterminado, lo que condiciona que las variedades mejoradas sirven únicamente para las regiones en donde se da ese ambiente. En la actualidad se tiende a la obtención de variedades que se comporten por igual ante ambientes distintos.

Mutaciones

En un sentido amplio una *mutación* es un cambio que se produce en el mensaje hereditario, que puede afectar a un gen, a algún cromosoma o al genoma completo. En la actualidad la palabra mutación se refiere únicamente al cambio que afecta a un solo gen.

Si la mutación afecta a la semilla, el nuevo gen se transmite a la descendencia mediante la reproducción sexual; si afecta sólo al cuerpo vegetativo de la planta, la transmisión se consigue únicamente por multiplicación vegetativa. En el caso de que la mutación origine la supresión de las semillas, como es el caso de la naranja «Navel Washington», la transmisión de este carácter se ha de hacer por medio de la multiplicación vegetativa.

Las mutaciones que ocurren en la naturaleza se producen de una forma espontánea y son muy poco frecuentes. Cuando se habla de la frecuencia con que ocurren las mutaciones hay que tener en cuenta el tiempo que necesita una generación para dar origen a la siguiente. Una generación de bacterias, que requiere veinte minutos para dar origen a la siguiente, presenta una frecuencia de mutaciones mucho mayor que el hombre, que necesita unos 25 años para originar la generación siguiente.

El cambio que produce la mutación puede ser favorable o desfavorable. La mayoría de los cambios son desfavorables y suelen depender de genes recesivos; por tanto, estos caracteres desfavorables se manifiestan pocas veces, ya que para manifestarse tienen que estar en un individuo homocigótico. En otras ocasiones, el cambio desfavorable origina un cambio muy brusco y el individuo muere joven, antes de reproducirse, con lo cual dicho carácter no se transmite.

Las mutaciones que originan un cambio favorable son muy raras y, sin embargo, son las que perduran, debido a que la selección natural se encarga de eliminar a los individuos peor dotados, manteniendo la supervivencia de los más aptos.

Algunos cambios producidos en los genes determinan la muerte prematura de las plantas cuando se presentan en forma homocigótica. Estos genes se llaman letales; tal es el caso de los genes que impiden la formación de la clorofila, con lo cual la plántula surgida de la semilla es incapaz de formar clorofila y, por tanto, de realizar la fotosíntesis. La planta muere cuando se han agotado las reservas de las semillas.

La mutación inducida por el hombre se logra por la acción de agentes mutagénicos, tales como algún tipo de radiación (rayos X, rayos gamma) o ciertos agentes químicos. Es un procedimiento que se utiliza en la mejora vegetal, aunque últimamente se va sustituyendo eficazmente por la ingeniería genética.

A veces se producen roturas en el filamento de ADN, lo que da lugar a cambios en el número de cromosomas. Por lo general los organismos superiores son *diploides* (2n), formados por 2 juegos de cromosomas o genomas, pero debido a esos cambios se puede modificar el número de genomas:

- Si el número de genomas es superior a 2 se obtiene un *poliploide,* que puede ser: triploide (3n), tetraploide (4n), etc.
- Si el número de genomas se reduce a uno se obtiene un *haploide.*

También puede ocurrir que se repitan uno o varios cromosomas, pero no el genoma completo, en cuyo caso la dotación cromosómica es $2n + x$, ($x = 1, 2, 3, ...$).

La poliploidía natural ocurre de forma espontánea en la naturaleza; se estima que la tercera parte de las fanerógamas son poliploides. La poliploidía inducida por el hombre tiene por finalidad obtener poliploides de interés agrícola mediante procedimientos artificiales.

La selección

La *selección natural* permite a la planta adaptarse mejor al medio natural, en competencia con otros individuos de la misma o de distinta especie. Cuando aparece en un individuo una mutación que modifica favorablemente un carácter, ese individuo se adapta al medio mejor que los demás individuos de la población y dejará mayor número de descendientes, con lo cual esa modificación llegará a ser la más frecuente y, quizá, la única que pase a la posteridad.

La selección natural no implica que tengan que sobrevivir los individuos más fuertes, sino los que estén mejor dotados para adaptarse al medio en que viven.

La *selección artificial* practicada por el hombre tiene por finalidad la adaptación de las plantas a un ambiente propio, que en muchas ocasiones es distinto al ambiente natural. Por ejemplo, la selección natural juega en favor de los mejores sistemas de dispersión de la semilla, como puede ser la espiga quebradiza. En cambio, en la selección artificial prevalece lo contrario, ya que interesa recoger todas las semillas. En general, en esta última los mejores caracteres se eligen en relación con el buen comportamiento ante grandes densidades de población, inexistentes en la naturaleza.

La domesticación inicial de las plantas silvestres y su posterior mejora se hicieron mediante una *selección en masa,* que consiste en elegir y propagar, dentro de una población, los individuos que tienen los caracteres deseados. Este proceso de selección, que ha predominado hasta principios del siglo XX, se hizo sobre caracteres observables (lo que hoy llamamos el fenotipo), lo que originó unos cambios genéticos importantes, aun sin conocer las bases de la genética.

La domesticación de especies próximas supuso unos cambios genéticos similares. Por ejemplo, en la domesticación de los cereales —que comenzó hace unos 10 milenios en zonas geográficas distintas: trigo, cebada, centeno, avena y sorgo en el Próximo Oriente, arroz y mijo en China y maíz en Méjico y América Central— se partió de una planta silvestre que en la madurez esparcía sus semillas y éstas germinaban escalonadamente, lo que facilitaba la propagación de la especie. La domesticación supuso unas alteraciones genéticas importantes: mayores inflorescencias, mayor tamaño de las semillas, germinación y maduración uniforme, etc.

La selección abarcaba no sólo caracteres morfológicos o fisiológicos de fácil identificación, sino también otros que afectaban a la composición química del producto cosechado. En la domesticación de la patata —iniciada hace unos 6.000 años en Perú y Bolivia a partir de una planta silvestre de fuerte sabor amargo— se seleccionaron las variedades menos amargas (con menor contenido de alcaloides tóxicos). En etapas posteriores se seleccionaron variedades de mayor porte, con tubérculos de mayor tamaño.

En la domesticación del maíz —iniciada hace unos 7.000 años, en tierras mejicanas y centroamericanas, a partir de una planta silvestre, el teosinte— se seleccionó principalmente el tamaño de la mazorca y del grano. Sólo unas pocas variedades actuales tienen un contenido elevado del aminoácido lisina, y son precisamente las primitivas variedades americanas, lo que nos sugiere que aquellos hombres primitivos supieron seleccionar las plantas de mayor valor nutritivo, o quizá fuera solamente fruto del azar.

La ingeniería genética en las plantas

La ingeniería genética, mediante técnicas especiales de manipulación de genes, brinda la posibilidad de introducir en las células de una especie uno o varios genes procedentes de las células de otra especie. Para ello, en el ADN de una célula se corta un trozo que contiene un gen concreto y se coloca en el ADN de la otra especie. Es como si se recorta con unas tijeras una palabra de una página de un libro y se inserta mediante un pegamento en el lugar deseado de otra página de otro libro. Las copias que se hagan de este último libro llevarán la palabra insertada, que será leída por cuantos lectores lo lean. De la misma forma, al modificar el ADN del organismo afectado se introducen o eliminan funciones que convienen o desagradan, respectivamente.

Estas técnicas han sido posible por el descubrimiento, a comienzos de la década de los años 70, de unos enzimas específicas *(enzimas de restricción)* que son capaces de cortar el filamento de ADN en lugares determinados. Cada enzima de restricción siempre realiza el corte en el mismo sitio del ADN, cualquiera que sea el origen de éste; además lo hace de tal forma que deja en los bordes del corte unas marcas típicas para cada enzima *(bordes cohesivos).* Si estos bordes se dejan uno junto a otro se reconocen y se vuelven a unir. Por esta causa, si se cortan los ADN de dos especies distintas con un mismo enzima de restricción se producen en ambos ADN los mismos bordes cohesivos, y al mezclarse ambos ADN se unen entre sí por esos bordes, formando un nuevo filamento de ADN llamado *ADN recombinante.*

El gen de la especie donante introducido en la especie receptora se transmite a la descendencia como si hubiera ocurrido una mutación natural, con la diferencia de que la mutación ocurre al azar, mientras que en ingeniería genética se opera con genes específicos. Sirva de aclaración el siguiente ejemplo: en el año 1986 se descubrió en una bacteria un gen de resistencia al herbicida glifosfato; una vez identificado dicho gen se cortó del ADN bacteriano y se insertó en el ADN de una planta de tabaco, que transmitió a su descendencia ese carácter. Estas plantas modificadas mediante la ingeniería genética reciben el nombre de *plantas transgénicas.*

La ingeniería genética se utiliza para transferir genes entre especies que no se pueden cruzar entre sí, y es recomendable su utilización cuando se quiere obtener un material deseado con mayor rapidez que con los procedimientos tradicionales.

Por ahora sólo se puede transferir genes bien identificados, pero no los que tienen efectos cuantitativos, que son los más interesantes desde el punto de vista agronómico, ya que de ellos dependen caracteres tales como: rendimiento de la cosecha, resistencia a plagas y enfermedades, etc.

Entre los diferentes campos de actuación de la ingeniería genética vegetal, en donde ya se han conseguido logros importantes, merecen destacarse: resistencia a ciertos herbicidas, resistencia a algunas plagas y enfermedades y silenciado de genes (por ejemplo, en el cafeto se ha logrado silenciar el gen que origina la formación de cafeína, con lo que se consigue un café descafeinado). Están en fase de experimentación otros trabajos, tales como: transformación de las bacterias que viven en simbiosis con las leguminosas (con la finalidad de hacer más efectivo el proceso de fijación del nitrógeno), transferencia de genes de nitrificación a los cereales, transferencia a las leguminosas de un gen de girasol responsable de una proteína rica en aminoácidos azufrados, transferencia al tomate de genes con resistencia a suelos salinos, etc.

La polémica suscitada por las plantas transgénicas

Cuando se empezó a investigar sobre la transferencia de genes entre especies distintas, algunos investigadores hicieron una llamada de atención a otros colegas y a los políticos para que estas técnicas se hicieran por cauces controlados cuando se trabajaba con materiales que pudieran reportar algún riesgo. Esta advertencia se refería a la producción de cepas bacterianas (en concreto de *Escherichia coli,* nuestra bacteria intestinal) a las que se había transferido genes humanos que participan en la formación del cáncer.

Hipotéticamente las bacterias intestinales transgénicas podrían llegar al intestino humano, y el gen nocivo podría pasar a la sangre e integrarse en alguna célula, que se convertiría en cancerosa. La probabilidad de que esto ocurra es prácticamente nula, aunque pudiera ocurrir (de la misma forma que a una persona le pudiera tocar dos veces seguidas el premio máximo de las quinielas de fútbol, jugando un solo boleto cada vez). Además, las bacterias utilizadas en laboratorio están tan modificadas que no tienen posibilidad de vivir en otro ambiente, de un modo semejante a como un cerdo de raza seleccionada no puede vivir en el monte en competencia con el jabalí.

De cualquier forma hay que diferenciar los casos que pudieran entrañar cierto riesgo de aquellos otros que son inocuos. En los primeros se exige unos controles de seguridad semejantes a los que se practican en los laboratorios donde se estudian enfermedades infecciosas graves, además de utilizar cepas de bacterias modificadas.

Las plantas transgénicas han suscitado una dura polémica sobre los peligros que conlleva, tanto la ingestión de estos productos como los métodos seguidos para su obtención. Lo más procedente, sin duda, sería informar correctamente al ciudadano de los fundamentos del método, las posibilidades del mismo y los riesgos que podría acarrear.

Cuando un animal o una persona ingieren órganos de una planta transgénica, el destino del ADN modificado es el mismo que el del ADN sin modificar, ya que ambos tienen los mismos componentes, sólo con alguna pequeñísima modificación en la secuencia de los mismos o en su número. Por consiguiente, desde el punto de vista digestivo no hay ninguna diferencia entre el ADN modificado y el ADN sin modificar. No se comprende, por tanto, el rechazo sistemático, por parte de algunos, a la ingestión de plantas que hayan incorporado un gen ajeno a esa especie. Incluso la comercialización de tomate de maduración tardía —en donde no se introduce ningún gen ajeno, sino que se inactiva un gen de la propia planta— provocó una dura oposición, tan poco justificada desde el punto de vista científico.

Otro punto de conflicto son los genes de resistencia a ciertos antibióticos, utilizados como marcadores para detectar el gen transferido. Los detractores del método aducen que esos genes de resistencia pueden pasar de la planta transgénica a una bacteria, que, a su vez, pudiera introducirse en el organismo humano, con el supuesto riesgo de que éste se hiciera resistente a esos antibióticos. No hay que temer ese riesgo, por varios motivos:

- La probabilidad de que el ADN de una planta pase a una bacteria es prácticamente nula (una probabilidad de ocurrencia entre un trillón de veces).
- Aun en el supuesto de que una bacteria resistente a un antibiótico se instalara en un individuo humano, esa bacteria no tendría superioridad sobre otras bacterias normales, a menos que el individuo estuviese tomando ese antibiótico de forma continuada.

Se puede añadir a lo ya expuesto que en todas las poblaciones bacterianas han surgido cepas resistentes, como consecuencia del uso indiscriminado de antibióticos. Si surgiera una cepa resistente a causa de la ingeniería genética es seguro que sería menos peligrosa que las surgidas por mutación natural, ya que aquéllas han experimentado un proceso de «domesticación» previa en el laboratorio.

LECTURA

La biotecnología vegetal

La biotecnología consiste en la aplicación de organismos, sistemas y procesos biológicos a la producción de bienes y servicios en beneficio del hombre. Abarca un conjunto de disciplinas, tales como la genética, la bioquímica, la biología molecular y la biología celular, que se acoplan con otras disciplinas tecnológicas (ingeniería química, informática, etc.).

Hace dos siglos Malthus predijo que el crecimiento de la población humana superaría al de la producción de alimentos. Esta predicción no se ha cumplido porque la producción de alimentos se ha incrementado considerablemente en los países desarrollados, llegando, incluso, a generar excedentes; pero la cuarta parte de la población mundial sigue subalimentada y no es probable que pueda salir de esta situación en un plazo razonable, sino más bien todo lo contrario, debido al reparto desigual de bienes y al crecimiento exponencial de la población en los lugares en los que la producción de alimentos es más deficitaria.

Cabe la esperanza de evitar un empobrecimiento catastrófico de una parte considerable de la humanidad y un deterioro del medio ambiente merced a la biotecnología, bajo sus diferentes formas, cuyos objetivos pueden abarcar un amplio campo de actuaciones: revalorización del patrimonio genético de las plantas cultivadas y de los animales domésticos, sustitución de plaguicidas químicos por biológicos, transformación de los hidratos de carbono en carburantes o en plásticos biodegradables, producción de alimentos con mejores propiedades nutritivas, reducción de la producción de gases responsables del efecto invernadero, clonación de animales para carnicería, recuperación de poblaciones de especies amenazadas, etc.

La biotecnología, tan antigua como la fabricación del pan, recibió un transcendental impulso cuando en los años 50 del siglo XX se conocieron la naturaleza y funciones del ADN. En los años 80 se logró transferir genes en bacterias y levaduras y, posteriormente, en plantas y animales, con la finalidad de obtener caracteres valiosos que no habían sido accesibles por los métodos convencionales de selección. La biotecnología más moderna ha surgido en los países ricos, pero son los países menos desarrollados los que necesitan resolver con urgencia los problemas de salud y de suministro de alimentos. Sería deseable una colaboración entre todos, sobre todo teniendo en cuenta que muchos genes previsiblemente útiles se encuentran solamente en las plantas y animales de los países menos desarrollados.

De una forma directa e indirecta las plantas suministran la casi totalidad de los alimentos consumidos por el hombre y los animales, materias primas para ciertas industrias (madera, papel, fibra, productos farmacéuticos, etc.), energía en forma de combustible (leña, etanol, etc.) y otros productos (enzimas, tabaco, etc.). Además, influyen de forma decisiva en el medio ambiente. La biotecnología vegetal puede aportar nuevos medios para mejorar el suministro de alimentos y materias primas para la industria alimentaria y no alimentaria y para gestionar mejor los efectos de la agricultura convencional sobre el medio ambiente.

Se pueden modificar los genes de las plantas cultivadas, con la finalidad de cambiar sus propiedades en beneficio de la producción, la calidad de los productos, el control de enfermedades, los procesos industriales y el medio ambiente. A través de la historia de la agricultura el hombre ha procurado mejorar las plantas cultivadas mediante la selección. De esta forma, los antiguos habitantes de América mejoraron el maíz y la patata, y los pueblos asiáticos y europeos seleccionaron un trigo panadero que contiene cromosomas de varias especies. Los avances más recientes han permitido aislar genes e insertarlos en las plantas cultivadas. El reto que se presenta actualmente es modificar genéticamente las plantas cultivadas de mayor consumo humano: trigo, maíz, arroz, mandioca y judía.

La variación genética de las plantas proviene de las mutaciones que han sucedido de forma natural a lo largo de la historia. En la selección convencional, los genes existentes en la planta objeto de la mejora se combinan mediante cruzamientos por vía sexual, y posteriormente se evalúan los genotipos obtenidos. A veces los nuevos genes que se introducen en las plantas cultivadas provienen del cruzamiento de especies próximas. Por ejemplo, se ha introducido en los trigos comerciales un gen procedente de la especie silvestre *Aegilops ventricosa* que es resistente a una infección fúngica. También se han creado nuevas especies mediante el cruzamiento de dos especies que han conservado en la descendencia sus series completas de genes. Tal es el caso del triticale, procedente del cruzamiento de trigo con centeno, que mantiene las características de las dos especies y se adapta mejor que el trigo a los medios pobres.

Cuando no hay compatibilidad sexual entre dos especies se puede introducir en una de ellas un segmento cromosómico de la otra, regenerando, mediante técnicas adecuadas, la planta entera a partir de células fusionadas. Las técnicas más evolucionadas permiten extraer genes simples e introducirlos en una celula aislada, que posteriormente se cultiva hasta que se regenera la planta entera. El gen interesante puede ser transferido directamente o por intermedio de una bacteria patógena *(Agrobacterium)*. También se transfieren genes remodelados «in vitro» en laboratorio. Las mayores dificultades de esta tecnología provienen de la regeneración de la planta a partir de la célula modificada genéticamente, y no tanto de la introducción del gen en la célula huésped.

La primera transferencia de un gen simple mediante técnicas de biología molecula se logró en 1982, y desde entonces varias docenas de plantas se han incorporado a la lista de plantas modificadas genéticamente.

En EE.UU. a finales de 1997 estaban autorizadas 27 plantas transgénicas y se cultivaban más de 12 millones de hectáreas con semillas modificadas genéticamente. El Banco Mundial ha publicado un informe científico en donde se asegura que la producción procedente de plantas modificadas genéticamente no es más peligrosa para el medio ambiente que la procedente de plantas convencionales, y que aquélla podría incrementarse en un 25% en los países en vías de desarrollo. Si estos métodos de mejora se demoran como consecuencia de una prevención sin mucho fundamento, la alimentación de una parte considerable de la humanidad podría verse comprometida en los próximos decenios.

7. La mejora de las plantas

La mejora de las plantas tiene por finalidad la obtención de variedades de plantas cultivadas más productivas y que satisfagan las exigencias del mercado. Para ello se emplean diferentes técnicas: cruzamiento, selección, mutación inducida, poliploidía inducida, ingeniería genética, etc.

El nacimiento de la agricultura

Nuestros antepasados del género *Australopithecus* aparecieron en Africa hace unos 5 millones de años. El género *Homo* evolucionó a partir del anterior hace unos 2 millones de años y nuestra especie *Homo sapiens* apareció en Africa hace unos 500.000 años. Hace 34.000 años el hombre de Neanderthal, de constitución robusta y baja estatura, desapareció por completo siendo sustituido por el hombre de Cromagnon, de apariencia semejante a la del hombre actual, que se distribuyó por toda la superficie de la Tierra. Los hielos de la última glaciación empezaron a retroceder hace unos 18.000 años, lo que permitió que los bosques se extendieran hacia el norte de Europa, Asia y América, mientras se reducía la extensión de las praderas.

Hace unos 10.000 años, en el Fértil creciente —espacio en forma de luna creciente que abarcaba desde el río Nilo en Egipto hasta el Golfo Pérsico, pasando por Palestina, Líbano, Siria y los cursos de los ríos Tigris y Eúfrates (fig. 1-7)— se empezó a cultivar el trigo, la cebada, las lentejas y los guisantes. Posteriormente se comenzó a cultivar el garbanzo, el haba, la veza, la vid, el olivo, el granado, el lino y la palmera datilera. Como consecuencia del cultivo cambiaron algunas características de las plantas cultivadas, que se hicieron más nutritivas y de recolección más fácil. Por ejemplo, el raquis del trigo silvestre se rompe con facilidad para facilitar la dispersión de las semillas, mientras que el raquis del trigo cultivado no se rompe y mantiene todas las semillas hasta que son recolectadas por el hombre. De este modo, a medida que progresa la agricultura, los cultivos se hacen más dependientes del hombre y éste se hace más dependiente de los cultivos.

La agricultura nacida en el Cercano Oriente se extendió hacia Europa y hacia el continente africano, aunque es

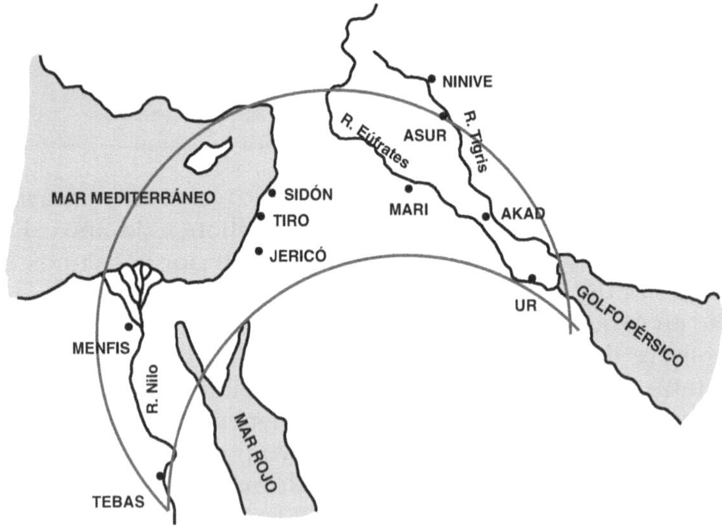

Fig. 1-7. *Espacio del Fértil Creciente hace 4.000 años, que comprendía varias civilizaciones.*

probable que la agricultura de este continente surgiera con independencia de otras en uno o varios puntos. En el sur de Africa, y con unos 5.000 años de retraso con respecto al nacimiento de la agricultura en el Cercano Oriente, surgieron los cultivos del sorgo, diversos tipos de mijo, el ñame, el café y el algodón. Este último cultivo surgió también en América y, quizás, en Asia.

En el Cercano Oriente se domesticaron los primeros animales: el perro, la vaca, la oveja, la cabra y el cerdo. El caballo se domesticó en el Sudeste de Europa; la gallina, el búfalo acuático y el camello en Asia; y el gato, en Egipto. Los grandes rebaños de ganado consumieron las plantas que tenían a su alcance, lo que ocasionó, con frecuencia, el agotamiento de los pastos y la aparición de zonas desérticas.

Al mismo tiempo que en el Cercano Oriente, en la cuenca del río Amarillo, en China, se empezó a cultivar el arroz, el mijo y la soja. En Asia Tropical se comenzó el cultivo de diversos cítricos, el mango y el platanero.

En América la agricultura surgió hace unos 9.000 años en Méjico, Centroamérica y Perú, en donde se empezó a cultivar el maíz, la judía o fríjol, la patata, la batata, el cacahuete, el tomate, el cacao, el aguacate, la piña americana, la calabaza, el algodón, el girasol, la quinoa y la yuca o mandioca. Entre los animales domésticos destacan el pavo, la llama y la alpaca.

La selección automática

La agricultura y la ganadería fueron posibles porque algunas plantas silvestres y algunos animales salvajes modificaron sus caracteres al contacto con el hombre, y esas modificaciones favorables a las necesidades humanas se transmitieron a generaciones posteriores.

En un principio esas modificaciones favorables ocurrieron de una forma automática, sin que el hombre tuviera conciencia de ello. Podemos repetir el proceso de un modo semejante a como seguramente ocurrió en el mesolítico. Se recogen los granos de una especie silvestre y se siembran, en una determinada fecha, en un terreno preparado en condiciones muy precarias. Las plantas nacidas de esas semillas se recolectan en otra fecha determinada, con lo cual se recogerán únicamente los granos de las plantas que hayan germinado, desarrollado y madurado al mismo tiempo, más o menos, mientras que no se recogerán los granos de la que no hayan madurado aún o los hayan tirado ya. Si una parte del grano recogido se siembra al año siguiente, la población resultante de esa siembra será más homogénea que la población original. Al cabo de unos cuantos años de repetir el mismo ciclo se habrá conseguido una población prácticamente homogénea para la maduración, cuya consecuencia es el paso de especie silvestre a cultivada.

Este proceso, aplicado a cualquier carácter que nos interese, se llama *domesticación* de la planta silvestre, y la planta que surge de él se llama *planta domesticada.* En la actualidad existen más de 3.000 especies de plantas domesticadas, en diversos estadios de domesticación, y sólo unas pocas decenas de animales domesticados, lo que demuestra que aquéllas tenían mayor capacidad para ser modificadas a favor de las necesidades humanas.

Una buena parte de las calorías de la alimentación humana proceden, de forma directa o indirecta, de cuatro grandes cultivos: trigo, maíz, arroz y cebada. La civilización occidental (Mesopotamia, Egipto, Grecia, Roma) fue posible merced al cultivo del trigo y la cebada; el arroz ha constituido el sustento de las civilizaciones orientales, y el maíz lo fue de los mayas y los aztecas. Hay además unas 30 especies principales y otras tantas complementarias (frutas y verduras). La mayoría de las especies cultivadas proceden de Oriente Próximo, China y América Central y del Sur.

En términos generales todas las plantas cultivadas son plantas mejoradas, pero este concepto sólo es válido desde el punto de vista del hombre, ya que sin su protección la planta cultivada no puede competir con la silvestre.

La selección automática de los primeros tiempos produjo unas plantas semejantes a las silvestres, pero con algunas características fundamentales distintas, lo que permitía su reproducción controlada por el hombre. Dentro de ese acervo inicial el agricultor eligió, de una forma instintiva, aquellas características que le ofrecían mayores ventajas: las que tenían las espigas más llenas y menos quebradizas, los frutales más cuajados de frutos, etc. De esta forma surgieron las *variedades locales,* muchas de las cuales han llegado hasta nosotros, puesto que el agricultor del pasado hacía su propia selección de las semillas que sembraba. En la actualidad este proceso se realiza todavía en una gran parte del mundo con agricultura poco desarrollada.

Las variedades locales, muy diferentes entre ellas debido a su adaptación a los diversos ambientes, constituyen un valiosísimo banco de genes, imprescindibles para una mejora futura, aunque actualmente carezcan de valor comercial desde el punto de vista agrícola.

La agricultura científica

En el siglo XVIII surge en algunos puntos de Europa la agricultura científica y se planifican los primeros cruzamientos entre variedades. En 1865 Mendel publica los resultados de sus experiencias, que no tuvieron en su época el reconocimiento debido. En el año 1900 los trabajos de otros investigadores permitieron redescubrir las leyes de Mendel, lo que, junto con el desarrollo de otras ciencias —bioquímica, biometría, estadística, etc.— impulsó un desarrollo espectacular de la genética durante el siglo XX. Aparecen nuevas técnicas, como la mutagénesis y la poliploidía, que, a imitación de la naturaleza, permiten crear nuevas especies.

La llamada Revolución Verde, que abarca desde las primeras décadas del siglo XX hasta la década de los años 70, se produjo al aplicar los conocimientos de la genética clásica descubierta por Mendel. Esta revolución nos proporcionó los maíces híbridos, los arroces de ciclo corto y los trigos semienanos.

Las variedades de maíz de polinización abierta fueron sustituidos por los maíces híbridos, de mayor rendimiento; además, estas nuevas variedades son más resistentes a plagas y enfermedades y tienen el tallo más corto y más robusto, lo que facilita la recolección mecánica.

La mejora del arroz experimentó un impulso extraordinario con la creación del IRRI (International Rice Research Institute) en el año 1958, en Filipinas. Partiendo de algunas variedades anteriores, obtenidas en Indonesia y Taiwan, se obtuvieron otras de alto rendimiento con las siguientes características: ciclo corto (125 días en lugar de los 210 de las variedades tradicionales), que permite obtener dos cosechas al año, talla semienana, resistencia a plagas y enfermedades, floración independiente de la duración de la luz del día (lo que permite el cultivo en un amplio margen de latitud) y buenas cualidades culinarias.

La mejora del trigo progresó enormemente con la creación del CIMMYT en Méjico (Centro internacional de mejora de maíz y trigo, Méjico), en el año 1966, bajo el auspicio de algunas fundaciones y los gobiernos de muchos países desarrollados, y dirigido por el norteamericano Norman E. Borlang, a quien se concedió el premio Nobel de la Paz en 1970, por su enorme contribución al incremento de la cosecha de trigo en países desarrollados y en vías de desarrollo. Méjico, que era un país importador de trigo al comienzo del programa pasó a ser exportador 20 años más tarde.

Aparte de su adaptabilidad a una variadísima gama de suelos y climas, las variedades del CIMMYT (Gaines, Pénjamo, Sonora, Lerma Rojo, Siete Cerros, etc.) tienen un alto potencial de rendimiento, debido a varias causas: mayor ahijamiento (número de tallos por planta germinada), mayor número de espigas y con más granos y, sobre todo, tallos más cortos —debido a la incorporación por cruzamiento de genes de enanismo— lo que incrementa el índice de cosecha (peso del grano con relación al peso total de la planta) y hace a las plantas más resistentes al encamado (rotura del tallo causada por el peso de la espiga) en condiciones de gran masa vegetativa obtenida con riego abundante y altas dosis de fertilizantes. Con estas variedades el rendimiento se incrementó a más del doble con respecto al obtenido con las variedades anteriores.

Los métodos de mejora se han aplicado no sólo al maíz, arroz y trigo, sino también a otros cultivos, con lo que se ha logrado unos incrementos considerables en la producción de alimentos. En EE. UU., entre los años 1940 y 1980, el rendimiento del maíz se multiplicó por 3,5, el del trigo por 2,2 y el de otras 17 cosechas principales por 2,4. Desde 1966 a 1981 India multiplicó la producción de trigo por 3,3. En China, durante ese período, el rendimiento del arroz se multiplicó por 2,3 y el del trigo por 2,5.

En el año 1998 la producción mundial de alimentos alcanzó la cifra de 5.034 millones de toneladas de materia seca. El 99% de esa producción se produjo en tierra y sólo el 1% se produjo en aguas oceánicas y continentales. A su vez, los productos vegetales suministraron el 92% de las calorías de la dieta humana.

Si esa cantidad de alimentos disponibles estuviera repartida de forma uniforme, en cuanto a cantidad y calidad, proporcionarían una dieta adecuada (2.350 calorías) a una población de 6.900 millones de personas (la población mundial en el año 2000 era de 6.000 millones de habitantes); pero si toda la población mundial obtuviera el 70% de sus calorías con productos de origen animal —como ocurre en EE. UU., Canadá y la Unión Europea— solamente se podría mantener a una población de 2.800 millones de personas.

Se estima que en el año 2025 la población alcance 8.500 millones de habitantes, antes de que se estabilice en 10.000 u 11.000 millones a finales del siglo XXI. En los próximos 25 años las plantas —especialmente los cereales— continuarán aportando la creciente demanda de alimentos, por lo que los técnicos deberán afrontar el reto de incrementar los rendimientos, durante ese período, entre un 50 y un 75%, de tal forma que el cultivo sea rentable desde el punto de vista económico, y sostenible desde un punto de vista del medio ambiente.

En este incremento del rendimiento jugará un papel primordial la mejora vegetal, mediante la aplicación de la tecnología convencional existente y la ingeniería genética, basada en la genética molecular, desarrollada a partir del descubrimiento de la estructura del ADN por Watson y Crick en el año 1952. En trigo y arroz se siguen tres estrategias distintas, aunque relacionadas: cambios en la estructura de la planta (hijuelos más productivos, aunque menos numerosos, espiga y panículas con más granos, etc.), utilización de recursos genéticos más amplios (introducción de genes de otras especies próximas) y cruzamientos.

Durante el siglo XX la mejora genética convencional ha contribuido inmensamente a incrementar el rendimiento y la estabilidad de las cosechas, pero el esfuerzo debe continuar si se quiere afrontar el reto de la demanda creciente de alimentos y fibras textiles. La mayor parte de los agrónomos prevén grandes avances en el campo de la biotecnología, en donde ya se han logrado variedades transgénicas que controlan varias plagas de insectos, y se progresa en el logro de variedades de cereales con mayor tolerancia a suelos alcalinos y a toxicidad causada por aluminio y hierro, lo que ayudaría a paliar los efectos de degradación del suelo en muchas zonas regables e incorporar al cultivo algunas áreas de suelos marginales.

La mayor parte de la investigación biotecnológica se está haciendo en el sector privado, que patenta sus descubrimientos, por lo que los gobiernos deberán establecer un marco legal para el uso de las plantas modificadas genéticamente.

En ocasiones los avances en biotecnología son cuestionados y atacados por algunos ecologistas poco y mal informados, que proclaman graves riesgos para la salud de los consumidores de productos conseguidos por los sistemas actuales de producción de alto rendimiento. Cabría preguntarles qué hubiera sido del mundo sin los avances en tecnología agrícola. Si se hubieran mantenido los rendimientos medios de los cereales que había en el continente asiático en 1961, se hubieran necesitado 600 millones de hectáreas adicionales de la misma calidad para igualar la cosecha del año 1967. Evidentemente Asia no dispone de esa superficie adicional; aun en el caso que estuviera disponible habría que pensar en la pérdida de bosques, pastizales, etc., que desde un punto de vista ecológico no conviene que desaparezcan.

En los últimos 40 años la superficie agrícola mundial se ha mantenido en torno a 1.400 millones de hectáreas y no es probable que aumente en el futuro. La pérdida de tierras cultivadas por efectos de la erosión, salinización y desertización se han compensado con la incorporación de nuevas tierras al cultivo. No es deseable que haya nuevas incorporaciones, pues de otra forma habría que dedicar a la agricultura tierras que es preciso conservar en su estado natural si no se quieren poner en peligro sistemas ecológicos insustituibles.

Solamente a través de un desarrollo agrícola dinámico se logrará alimentar a la futura población de 10.000 u 11.000 millones de habitantes. Noman E. Borlang, premio Nobel de la Paz en 1970, en la actualidad consultor emérito del CIMMYT, de cuyo organismo fue director, hace en febrero del año 2000 el siguiente comentario:

«Llevo 56 años de dedicación continua a la investigación y producción agrícola en países con déficit alimentario y bajo nivel de renta. He trabajado con muchos colegas, líderes políticos y agricultores para trasformar sistemas de producción alimentaria de bajo rendimiento en otros de alto rendimiento.

Hace 30 años, en mi alocución de aceptación del Premio Nobel de la Paz, dije que la Revolución Verde había obtenido un éxito temporal en la guerra del hombre contra el hambre, y que, si se desarrollaba completamente, podría aportar suficiente alimento para la humanidad hasta finales del siglo XX. Pero advertí que, a menos que se flexionase la temible capacidad humana de reproducción, el éxito de la Revolución Verde solamente sería efímero.

Ahora digo que el mundo tiene la tecnología —ya disponible o en muy avanzado proceso de investigación— para alimentar una población de 10.000 millones de personas. La pregunta más importante hoy es si se permitirá a los agricultores y ganaderos el uso de esta nueva tecnología.

Los elitistas medioambientales extremos parecen estar haciendo todo lo posible para detener el progreso científico. Grupos pequeños, bien financiados, vociferantes y anti-ciencia están amenazando el desarrollo y la aplicación de nueva tecnología, ya sea desarrollada a partir de la biotecnología o por otros medios más convencionales de la agronomía.

Comparto plenamente una declaración escrita por el profesor C. S. Prakash de la Universidad de Tuskegee, y suscrita ya por varios miles de científicos en apoyo de la biotecnología agrícola, de que ningún alimento, ya sea producido con técnicas de ADN recombinante u otros métodos más tradicionales, carece totalmente de riesgos. Los riesgos que conllevan los alimentos están en función de sus características biológicas y de los genes específicos usados, no de los procesos empleados en su desarrollo.

Mientras que las naciones ricas pueden permitirse adoptar posiciones elitistas y pagar más por alimentos producidos mediante los denominados métodos orgánicos, los 1.000 millones de personas crónicamente malnutridas de las naciones con déficit alimentario y de bajos ingresos, no pueden. Sólo a través de mejoras significativas en la productividad del trabajo se pueden mejorar las rentas agrícolas y reducir la pobreza. Obviamente, el aumento de renta permitirá a los agricultores hacer más inversiones en la conservación de recursos; como le gusta al arqueólogo keniata Richard Leakey recordar a sus seguidores ecologistas: ¡tienes que estar bien alimentado para ser un conservacionista!

Con toda seguridad, los líderes y científicos agrícolas tienen la obligación moral de advertir a los líderes políticos, educadores y religiosos sobre la magnitud y seriedad de los problemas de las tierras cultivables, los alimentos y la población que tenemos por delante. Si fallamos en hacer esto de manera contundente seremos negligentes en nuestra obligación e involuntariamente estaremos contribuyendo al amenazante caos de incalculables millones de muertes por inanición. El problema no desaparecerá por sí solo; de continuar ignorándolo, la solución futura será más difícil de alcanzar».

PRODUCCION MUNDIAL DE ALIMENTOS (1998)
(en millones de toneladas)

Alimento	Materia seca total	Materia seca comestible	Proteína seca
Cereales	**2.072**	**1.725**	**172**
Maíz	613	539	56
Trigo	589	519	61
Arroz	577	391	33
Cebada	139	122	12
Sorgo y mijo	89	80	7
Raíces y tubérculos	**652**	**174**	**11**
Patata	299	65	8
Batata	139	42	2
Mandioca	162	60	1
Legumbres y oleaginosas	**162**	**110**	**38**
Caña de azúcar y remolacha (azúcar)	**152**	**152**	**0**
Verduras y melones	**615**	**72**	**6**
Frutas	**430**	**59**	**3**
Productos animales	**951**	**188**	**83**
Leche, carne, huevos	830	157	63
Pescado	121	31	22
TOTAL	**5.034**	**2.480**	**313**

LECTURA

Los recursos fitogenéticos

La agricultura nació hace unos 10.000 años, cuando el hombre empezó a cultivar plantas silvestres apropiadas para su alimento y el de sus animales. Desde entonces la evolución de las plantas cultivadas viene condicionada por la utilidad que el hombre saca de ellas, y es el resultado de una selección natural acompañada de otra selección artificial efectuada por el hombre. En ocasiones las grandes barreras naturales (mares, montañas) separaron a poblaciones agrícolas, que evolucionaron por caminos distintos, dando como resultado una gran diversidad de variedades locales.

Esta gran diversidad de variedades entraña unos genotipos muy distintos, que se reflejan en unas características visibles (forma, color, desarrollo, etc.) y otras menos visibles (adaptación a condiciones adversas, contenido en diversos nutrientes, resistencia a plagas y enfermedades, etc.).

Hasta hace pocas décadas, la agricultura tradicional favorecía esta gran diversidad; pero en la actualidad, debido al desarrollo industrial y agrícola y a otros condicionantes de tipo social, esa diversidad tiende a eliminarse a pasos agigantados. La mecanización de las labores agrícolas y las exigencias del mercado, entre otras causas, favorecen la implantación de unas pocas variedades con características uniformes en cuanto a exigencias de cultivo, época de recolección, transporte y comercialización de los productos, etc.

Las nuevas tendencias de la agricultura moderna han puesto a disposición de los agricultores unas nuevas variedades más uniformes, que han sustituido a otras variedades locales más heterogéneas y menos productivas, pero mucho mejor adaptadas a las condiciones de medios locales. Como consecuencia de ello, en pocos años se ha perdido un enorme material genético que se había ido acumulando durante siglos y milenios.

Desde la década de los años 60 se ha extendido de forma masiva el cultivo de variedades comerciales, y millones de hectáreas de todo el mundo se han sembrado con variedades más homogéneas y más productivas que las variedades tradicionales. Es verdad que la introducción de estas variedades es esencial en el mundo subdesarrollado falto de alimento; pero estas nuevas variedades, para conseguir los altos rendimientos que cabe esperar de ellas requieren unos métodos de cultivo más costosos (fertilización, riego, control de plagas, enfermedades y malas hierbas, etc.), lo que se traduce en una aportación suplementaria de energía, que no siempre está disponible en muchos países.

Las variedades tradicionales, a menudo, aguantan unas condiciones adversas que pondrían en peligro la producción de las variedades seleccionadas. Al desaparecer estas variedades tradicionales desaparece también la posibilidad de volverlas a utilizar, a la vez que se pierde, de forma irrecuperable muchas veces, un material genético precioso que podría servir para la creación de nuevas variedades comerciales, mediante procesos de selección, cruzamientos y autofecundaciones. Variedades locales y plantas silvestres afines han servido de base para la obtención de variedades semienanas de trigo y arroz que han resuelto el abastecimiento de cereales en muchas regiones del mundo.

El empleo exclusivo de algunas pocas variedades comerciales selectas puede acarrear muy serios inconvenientes, como ya se ha demostrado en numerosas ocasiones.

Durante la campaña agrícola 1979-1980 Cuba y otros países del Caribe experimentaron una pérdida importantísima en la cosecha de caña de azúcar, debido a un ataque de roya que afectó a una variedad comercial que representaba un porcentaje muy alto del total sembrado.

Durante centurias, e incluso milenios, los indígenas de las regiones andinas de Perú se han alimentado a base de tarwi, que es una leguminosa con un alto contenido de proteínas y grasas. A través de muchas generaciones las variedades locales, cultivadas para el autoconsumo familiar, han sido seleccionadas inconscientemente por la cantidad y calidad de sus proteínas. Hace unos años se instaló una industria para extraer la grasa del tarwi, y las variedades locales fueron sustituidas por otras más ricas en grasa, pero mucho más pobres en proteínas. Al cabo de poco tiempo quebró la industria y los campesinos tuvieron que utilizar las nuevas variedades comerciales para su alimentación, ya que en muy pocos años se había perdido el material genético de unas variedades locales muy aptas para la alimentación y que se habían seleccionado, de un modo inconsciente, durante cientos o miles de años.

Se podrían citar otros muchos casos recientes y algunos menos recientes, como ocurrió con la patata cultivada en Europa, que procedía de un material muy homogéneo traído de América.

Hacia mediados del siglo pasado, Irlanda tenía una densidad de población mayor que ningún otro país europeo, debido, seguramente, a que un siglo antes se introdujo la costumbre de comer patatas, que hasta entonces en Europa se habían considerado como alimento de cerdos.

En el año 1845 los patatares irlandeses se vieron afectados por una enfermedad que causó la pérdida de la mitad de la cosecha, lo que hizo pasar un invierno muy penoso a los irlandeses. En el año siguiente se perdió casi la totalidad de la cosecha y el hambre causó verdaderos estragos en la población. En los años siguientes hasta 1850 habían muerto de hambre dos millones de irlandeses y un tercio de la población superviviente emigró a América del Norte.

Se descubrió que la enfermedad estaba causada por un hongo *(Phytophthora infestans)* y que se propagaba mediante esporas. Como medida preventiva para evitar la enfermedad (que se llamó mildiu) se recomendaba rechazar los tubérculos enfermos y se aplicaba a las plantas caldo bordolés. Con estas medidas, la epidemia se comportaba con relativa benignidad, aunque en alguna ocasión aparecía con toda su intensidad. En el año 1916, en plena guerra europea, Alemania sufrió una grave epidemia que privó de su escaso alimento a la población.

Las investigaciones posteriores han conseguido unas variedades de patata más resistentes al mildiu. Para ello ha sido preciso localizar los genes de resistencia e introducirlos en las variedades comerciales. Estos genes se han encontrado en las variedades de patatas andinas y en las plantas silvestres afines, es decir, en los lugares donde inicialmente se empezó a cultivar la patata.

Cuando se introducen nuevas variedades, más productivas y con mejor respuesta a las exigencias comerciales del momento, los agricultores dejan de cultivar las variedades locales, lo que acarrea una pérdida grande de recursos genéticos, ya que estas variedades dejan de cultivarse en amplias zonas en el plazo de muy pocos años.

A principios de la década de los años 60, diversos organismos internacionales empezaron a preocuparse seriamente del asunto y la FAO (Organización de las Naciones Unidas para la Agricultura y la Alimentación) convocó una reunión de la cual surgió un Cuadro de Expertos en Prospección de Plantas. En 1974 se creó el Consejo Internacional de Recursos Fitogenéticos, con sede en Roma, cuya misión consiste en crear una red internacional de instituciones nacionales dedicadas a la conservación de recursos genéticos de interés agrícola. Entre esas instituciones están: el Centro Internacional para la Mejora de Maíz y Trigo (CIMMYT), con sede en Méjico; el Instituto Internacional de Investigación del Arroz (IRRI), en Filipinas; el Centro Internacional de Agricultura Tropical (CIAT), en Colombia; el Centro Internacional de la Patata (CIP), en Perú; el Instituto Internacional de Agricultura Tropical (IITA), en Nigeria; el Centro Asiático para la Investigación y Desarrollo de Hortalizas (AVRDC), en Taiwan.

V. ECOLOGÍA

8. ECOLOGÍA DE LAS PLANTAS

La *ecología* (del griego «oicos»: casa, y «logos»: tratado) es la ciencia que estudia los seres vivos en su ambiente y las relaciones que mantienen entre ellos y con el medio donde viven.

El *ambiente* de un ser vivo es el conjunto de todas aquellas circunstancias que le rodean y con las cuales se halla en continua relación.

El *medio* es la materia que rodea inmediatamente al ser vivo y con la cual mantiene intercambios. Siempre es un líquido o un gas, por lo general, agua o aire.

La *especie* es un grupo de seres vivos de características semejantes, que son capaces de reproducirse y dar descendencia fértil. El caballo y el asno, por ejemplo, no pertenecen a la misma especie, ya que la descendencia de ambos, el mulo, no es fértil.

El *habitat* es un determinado lugar que reúne las condiciones necesarias para que viva una determinada especie. Puede ser más o menos amplio. El escarabajo de la patata, por ejemplo, tiene un hábitat muy restringido, pues vive solamente sobre las matas de la planta de la patata, mientras que el ratón tiene un hábitat más amplio, ya que puede vivir en muchos lugares.

La población

La *población* es un conjunto de individuos de la misma especie que viven en un área determinada y están ligados a un mismo ambiente. Por ejemplo, una población vegetal está formada por los álamos de una alameda, y una población animal está formada por los gorriones que pueblan esa alameda.

Se llama *densidad de población* al número de individuos por unidad de espacio. La idea de abundancia también puede expresarse con el concepto de *biomasa,* que es la cantidad de materia viva existente por unidad de superficie o de volumen.

Se llama *dispersión de una población* a la tendencia que ésta manifiesta a extenderse en todas las direcciones. Viene determinada por la capacidad de locomoción de cada especie y por las barreras geográficas (ríos, montañas, etc.). En las plantas la locomoción es pasiva, desplazándose sólo una parte del individuo o una de las fases de su ciclo vital mediante la acción de factores externos: agua, viento, animales, etc. Muchas plantas utilizan el viento para dispersar sus semillas. En otros casos, los frutos o las semillas se fijan al pelo de los animales para ser transportados a otros lugares. La formación de frutos carnosos, que son ingeridos por los animales, permite que las semillas no digeridas se depositen, junto con los excrementos, en lugares alejados del origen. Las corrientes de agua facilitan también la dispersión de las semillas.

La comunidad

La *comunidad* es una entidad formada por poblaciones de varias especies que habitan en un área determinada y que se relacionan entre sí y con el medio físico. Por ejemplo, una alameda es una comunidad en donde además de los álamos existen otras muchas especies de vegetales y animales: zarzas, cardos, ratones, pájaros, hormigas, lombrices, bacterias, hongos, etc.

Dentro de una comunidad suele haber una especie que es particularmente visible, por su gran tamaño o por ser la más numerosa. Esta especie se llama *dominante,* y suele dar nombre a la comunidad. Por ejemplo, el álamo es la especie dominante en una alameda.

Siempre que no se produzca algún cambio geológico, climatológico o de cualquier otro tipo, las comunidades tienden a permanecer estables, es decir, que no varían sustancialmente ni las especies que componen la comunidad ni el número de individuos de cada especie. Esto recibe el nombre de *equilibrio biológico.*

La extensión de la comunidad es muy variable. Algunas pueden cubrir extensiones de miles de kilómetros cuadrados, como es el caso de las comunidades de abetos del Canadá o las comunidades de pradera en la región central de Estados Unidos. Otras se extienden a lo largo de centenares de kilómetros cuadrados, ocupando biotopos relativamente uniformes, como lagos, pantanos o desiertos. Otras ocupan áreas más restringidas, como estanques, arenas aluviales, chaparrales, prados de montaña, planicies rocosas, etc. Algunas comunidades ocupan dimensiones muy reducidas, como es el caso de los animales y vegetales que viven en un tronco de árbol podrido o en una peña aislada.

El número de especies y la abundancia de poblaciones varían también dentro de límites muy amplios. En condiciones extremas y con escaso alimento hay un escaso número de especies con muy pocos individuos cada una, como en el caso de un desierto. En condiciones menos desfavorables sigue habiendo pocas especies, aunque cada una de ellas puede tener un gran número de individuos. En condiciones favorables hay un gran número de especies, aunque con menos individuos cada una.

La diversidad aumenta progresivamente conforme su grado de desarrollo: es baja al principio, y va adquiriendo valores más altos a medida que la comunidad se hace más estable.

En algunos casos los límites de la comunidad están bien definidos, como puede ser el caso de una laguna o una pequeña isla. En otros casos no se pueden establecer unos límites precisos, porque los miembros de esa comunidad interfieren con los de otra comunidad. En el borde de un bosque, por ejemplo, algunos árboles se introducen en la vecina comunidad de arbustos, y éstos, a su vez, invaden el borde del bosque. Un buen criterio para determinar los límites de una comunidad es considerar el área en donde la especie dominante deja de serlo.

Relaciones entre las especies de una comunidad

Las interacciones entre dos especies cualquiera de una comunidad pueden ser neutras (es decir, que ninguna de ellas afecta directamente a la otra) o pueden afectar al menos a una de ellas. Los tipos principales de interacciones entre dos especies animal-vegetal o vegetal-vegetal son las siguientes:

- Mutualismo. Ambas especies se benefician.
- Competencia. Cada especie tiene algún efecto negativo sobre la otra.
- Parasitismo y depredación. La interacción es positiva para una especie y negativa para la otra.

Mutualismo

El mutualismo es una relación recíproca entre dos organismos, mediante la cual ambos resultan beneficiados recíprocamente. La asociación puede ser *facultativa* (los dos asociados podrían vivir uno sin el otro) u *obligada* (necesitan permanecer asociados para sobrevivir). En algunos casos el contacto es permanente, mientras que en otros no lo es.

En la polinización de las flores por los insectos, el insecto obtiene de la planta el néctar y otro tipo de alimento, a la vez que se encarga de transportar el polen desde una flor a otra. Los frutos que comen los pájaros, mamíferos y otros animales constituyen para ellos un alimento, en tanto que las semillas que contienen son dispersadas con los excrementos a distancia variable de su lugar de origen, lo que contribuye al establecimiento de nuevas plantas en otros lugares.

El mutualismo más íntimo se observa cuando los dos asociados tienen un contacto muy cerrado, a menudo permanente y obligatorio. En este último caso el mutualismo suele llamarse *simbiosis.* Una de las simbiosis más interesantes desde el punto de vista agrícola es la que se da entre leguminosas y las bacterias del género *Rhizohium.* En la parte exterior de la raíz de la leguminosa se forma una membrana, dentro de la cual se desarrollan las bacterias, que estimulan a las células radicales a dividirse intensamente formando un nódulo. Las bacterias, que son algo específicas con respecto a la leguminosa, obtienen de ésta los hidratos de carbono y otras sustancias. A cambio de ello fijan el nitrógeno del aire, que posteriormente transfieren a la planta. Gracias a esta asociación las leguminosas pueden vivir en suelos carentes o muy pobres en nitrógeno.

Competencia

Se conoce con el nombre de *competencia* entre dos o más especies la relación que se establece entre ellas cuando conviven en el mismo lugar y tienen necesidades parecidas. Así, por ejemplo, las hierbas y los arbustos de un bosque rivalizan con los árboles para beneficiarse de la luz y de las sustancias nutritivas del suelo.

Ningún organismo vive en estado natural en condiciones ideales, ya que la competencia con otros organismos limita sus posibilidades vitales. Esto, que en principio parece negativo, ha sido la base de la evolución de las especies hacia una coexistencia pacífica en donde puedan compartir el mismo hábitat.

Cuando las especies se introducen en una región de una forma natural tienen tiempo de adaptarse a las nuevas condiciones; pero cuando son introducidas por la mano del hombre se producen, en ocasiones, invasiones masivas que pueden dar lugar a daños ecológicos considerables. A finales del siglo pasado se llevó el jacinto de agua desde Venezuela a Nueva Orleans, en Estados Unidos, con motivo de una feria del algodón. Los visitantes de la feria se llevaron esquejes de la planta para poblar sus estanques ornamentales. En poco tiempo la planta se extendió por ríos y acequias dificultando la navegación y bloqueando las conducciones de riego.

En algunas interacciones competitivas, una o las dos especies que compiten producen sustancias que inhiben el crecimiento de otros individuos de la otra especie. Así, por ejemplo, la salvia produce terpenos volátiles, que al caer al suelo inhiben el desarrollo de las plántulas de otras especies.

Parasitismo

Uno de los seres asociados *(el parásito)* vive a expensas de otro *(el hospedador)* causándole daño. La acción del parásito no suele causar la muerte del hospedador de forma directa, pero puede acortar su vida. Hay dos clases de parasitismo, según que el parásito se encuentre en el exterior del hospedador *(ectoparasitismo)* o en el interior del mismo *(endoparasitismo)*.

Algunas plantas, como el muérdago y las cuscuta, parasitan a otras plantas, extrayendo la savia de éstas mediante las raíces que introducen a través de la corteza; pero la mayor parte de los parásitos de las plantas son animales (insectos, ácaros, nemátodos) y microorganismos (bacterias, hongos).

Depredación

En sentido amplio un *depredador* es un organismo que devora total o parcialmente a otros; el depredador se llama *herbívoro* si el organismo devorado es una planta.

Por lo general los herbívoros producen efectos profundos en las plantas, por lo que algunas de ellas han desarrollado a lo largo de su proceso evolutivo una gran variedad de defensas, tales como la formación de espinas, aguijones u hojas coriáceas. Con mucha frecuencia las plantas han desarrollado la capacidad de producir y retener en sus tejidos sustancias tóxicas. Así, por ejemplo, el tabaco contiene nicotina, que paraliza o mata a los pulgones; las plantas silvestres de patata elaboran sustancias que provocan trastornos digestivos en el escarabajo de la patata; algunas plantas silvestres de la familia de las cucurbitáceas producen terpenos amargos que las protegen del ataque de herbívoros. Al pasar al cultivo estas plantas silvestres han perdido, mediante la selección, estas sustancias que producen sabores desagradables, pero han quedado a merced del ataque de los herbívoros.

El ecosistema

Un *ecosistema* es el conjunto formado por los seres vivos de una comunidad y el espacio físico donde viven y se relacionan recíprocamente. Un bosque, un lago, un monte, son ejemplos de ecosistemas.

El ecosistema puede tener unos límites naturales y/o precisos (un lago, una isla) o artificiales e/o imprecisos (un campo cultivado de maíz). Su tamaño puede ser enormemente variado, desde un océano o un desierto, hasta el tronco de un árbol caído o una pequeña charca.

Las partes integrantes de un ecosistema son:

— Los organismos vivos, que constituyen la comunidad.
— El medio físico en donde se asientan esos organismos, que recibe el nombre de *biotopo* (del griego «bios»: vida, y «topos»: lugar).

Los componentes de un ecosistema se relacionan de tal modo que la modificación de uno de ellos implica necesariamente la alteración de los demás. Imaginemos, por ejemplo, un monte con matorral poblado por conejos y zorros que se comen a los conejos. Supongamos que se ha echado veneno para zorros y éstos desaparecen. Como consecuencia de ello, el número de conejos aumenta considerablemente y puede llegar un momento en que haya tal cantidad de ellos que llegan a agotar la vegetación de que se alimentan. Por consiguiente, la eliminación de los zorros, medida que aparentemente favorecía a los conejos, produce a la larga el efecto contrario, ya que los zorros cumplen la importante misión de regular el número de conejos y, como consecuencia de ello, impiden que éstos y la vegetación desaparezcan.

Las relaciones entre los componentes de un ecosistema varían según los casos, pero siempre se observa lo siguiente:

— Un flujo de energía que va de unos organismos a otros.
— Un reciclaje de sustancias minerales que se incorporan desde el medio a los seres vivos, y vuelven de nuevo al medio con las deyecciones y la descomposición de sus restos.

Flujo de energía y materia en un ecosistema

En un ecosistema la energía proveniente del exterior (en última instancia, del sol) es captada por unos organismos y va pasando sucesivamente a otros, hasta que al final sale del ecosistema.

Desde el punto de vista de aprovechamiento de la energía y de la materia, los organismos de un ecosistema se clasifican en tres grupos:

— *Productores.* Son aquellos organismos capaces de captar y aprovechar la energía de la luz solar (que es prácticamente toda la energía exterior que recibe el ecosistema) para transformar sustancias inorgánicas (agua, dióxido de carbono y sales minerales), pobres en energía química, en sustancias orgánicas, ricas en energía química. A este grupo pertenecen las plantas verdes y, también, ciertas bacterias capaces de sintetizar materia orgánica a partir de sustancias inorgánicas.

— *Consumidores.* Estos organismos aprovechan la materia orgánica de los productores para convertirla en materia orgánica propia. A este grupo pertenecen los animales. *Consumidores primarios* son aquellos que se alimentan directamente de las plantas, como es el caso de la cebra, que se alimenta de hierba. *Consumidores secundarios* son los que se alimentan de otros animales, como es el caso del león, que se come a la cebra.

— *Descomponedores.* Son organismos que aprovechan los restos de animales y vegetales (cuerpos muertos, deyecciones, etc.), descomponiendo la materia orgánica en materia inorgánica. A este grupo pertenecen, entre otros, las bacterias y los hongos. Merced a estos organismos se eliminan los despojos de los organismos vivos y se reintegran al medio los elementos indispensables para reiniciar el ciclo de la vida.
Los animales carroñeros (buitres, algunos córvidos, hienas, etc.) no se consideran propiamente como descomponedores, ya que aprovechan los restos de otros animales para producir su propia materia orgánica, pero no descomponen la materia orgánica en inorgánica.

Dentro del ecosistema, la materia se aprovecha de forma continua, ya que se va reciclando. La energía, en cambio, se emplea una sola vez, perdiéndose progresivamente a lo largo del proceso en forma de calor y de trabajo, por lo que es necesario incorporarla al sistema de una forma continua.

El ciclo biológico de los elementos

El flujo de energía a través de los organismos de un ecosistema lleva consigo unos cambios de materia, que se realizan de la forma siguiente:

— La materia inorgánica se convierte en materia orgánica por la acción de los organismos productores.

— Esta materia orgánica se transforma en otro tipo de materia orgánica mediante la acción de los organismos consumidores.
— Toda la materia orgánica se convierte en materia inorgánica por la acción de todos los organismos (la respiración de productores, consumidores y descomponedores, y las fermentaciones de los descomponedores).

De todos los elementos químicos existentes en la naturaleza (un centenar, aproximadamente) sólo un 20% resultan esenciales para la vida. Estos elementos, llamados *elementos biogenéticos,* se combinan en una serie de compuestos que reciben el nombre de *nutrientes.* Las plantas, al tomar sustancias nutritivas del suelo y del aire, incorporan a su cuerpo unos cuantos elementos biogenéticos; éstos pasan a los animales que se alimentan de plantas, y posteriormente, a otros animales. Después de un proceso más o menos largo, aquellos elementos vuelven a la tierra al descomponerse el cuerpo de los seres que los contenían.

En el medio acuático ocurre lo mismo, con la diferencia de que los elementos químicos parten del agua y vuelven de nuevo al agua, después de pasar por diversos organismos.

El camino que recorren los elementos biogenéticos a través de los seres vivos se conoce con el nombre de *ciclo biológico de los elementos.* Es un ciclo porque puede repetirse, ya que los descomponedores devuelven al medio los elementos que los productos habían extraído de él (fig. 1-8). Por consiguiente, en la naturaleza ocurren unos flujos paralelos de materia y energía a través de los seres vivos; pero el comportamiento de una y otra es diferente, pues mientras la materia se recicla, la energía, una vez utilizada, ya no se puede volver a aprovechar, perdiéndose hacia el espacio en forma de calor y de trabajo (fig. 2-8).

Cadenas de alimentación

Se llama *cadena de alimentación o trófica* (del griego «trophos»: alimento) a la sucesión por la cual un orga-

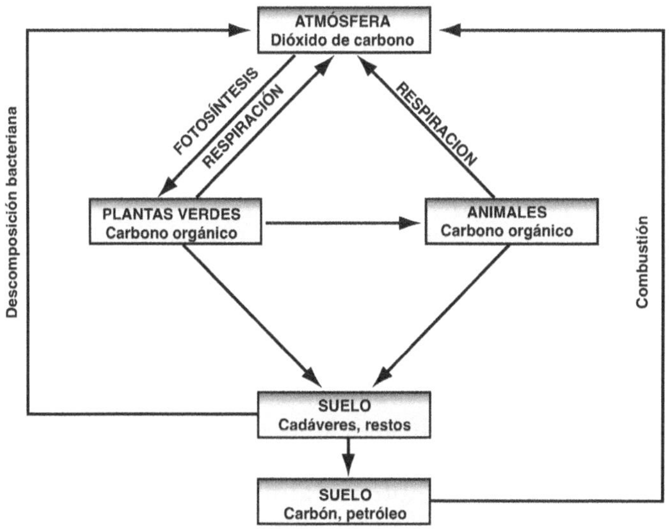

Fig. 1-8. *Ciclo del carbono.*

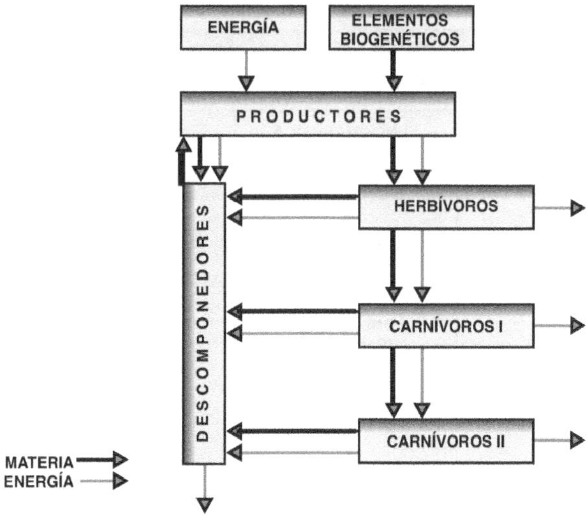

Fig. 2-8. *Flujo de la materia y de la energía entre los seres vivos.*

nismo es comido por otro, que, a su vez, es comido por un tercero, y así sucesivamente (fig. 3-8).

El primer eslabón de la cadena es siempre un organismo productor, que es capaz de sintetizar su propio alimento *(autótrofo)*. En el resto de la cadena se sitúan los organismos que no son capaces de sintetizar su propio alimento *(heterótrofos)*.

Los herbívoros o consumidores primarios se alimentan exclusivamente de productores. Los carnívoros o consumidores secundarios se alimentan de herbívoros, y los supercarnívoros se alimentan de otros carnívoros. La cadena termina con los descomponedores, que reducen los restos de todos los organismos a otras sustancias más sencillas y, en última instancia, a elementos biogenéticos, que se incorporan de nuevo al ciclo de la materia. Algunas especies, como el hombre, se alimentan indistintamente de productores y de consumidores.

Cada eslabón de la cadena de alimentación representa un *nivel de alimentación*. El paso de uno a otro nivel se

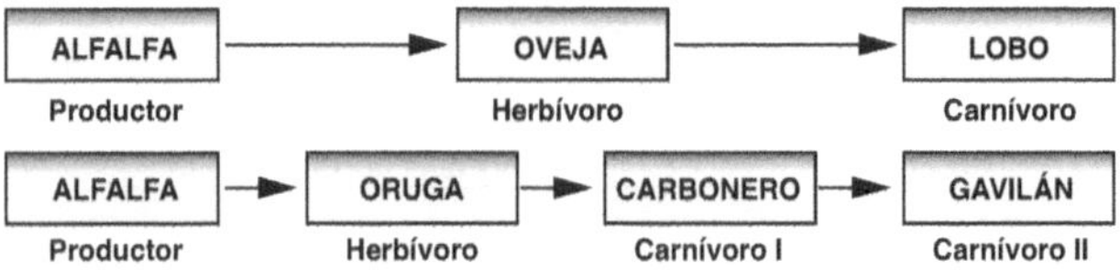

NIVEL TRÓFICO	FUNCIÓN TRÓFICA	ORGANISMO
I	PRODUCTOR ↓	FITOPLANCTON ↓
II	CONSUMIDOR I (Herbívoro) ↓	ZOOPLANCTON ↓
III	CONSUMIDOR II (Carnívoro I) ↓	PEZ MICRÓFAGO (Saltón) ↓
IV	CONSUMIDOR III (Carnívoro II) ↓	PEZ MACRÓFAGO (Arenque) ↓
V	CONSUMIDOR IV (Carnívoro III)	AVE ICTIÓFAGA (Cormorán)

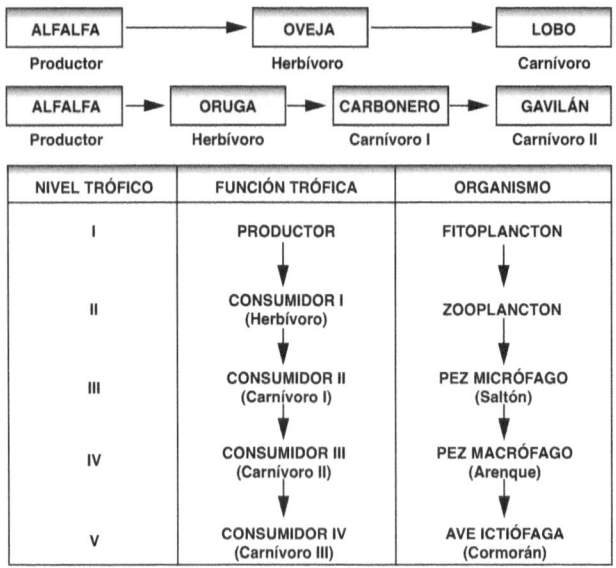

Fig. 3-8. *Ejemplo de cadenas tróficas.*

realiza con una transferencia de energía, que no se aprovecha en su totalidad, sino que una parte de ella se pierde en forma de calor, de donde se deduce que la pérdida de energía es tanto mayor cuanto más larga sea la cadena. Por tanto, las cadenas de alimentación demasiado largas son poco operativas, por lo que no hay cadenas de más de cinco o seis niveles. En el hombre la cadena trófica es de dos o tres niveles.

Como resultado de este proceso, la población de productores es siempre mayor que la de consumidores primarios; la de éstos, mayor que la de consumidores secundarios, y así sucesivamente.

La estructura trófica de un ecosistema se puede representar por medio de una pirámide, en donde la base representa el nivel productor, y los sucesivos peldaños hasta el final, los restantes niveles tróficos (consumidores primarios, secundarios, etc.). En la Figura 4-8 se representa la pirámide trófica de la biomasa de un ecosistema marino.

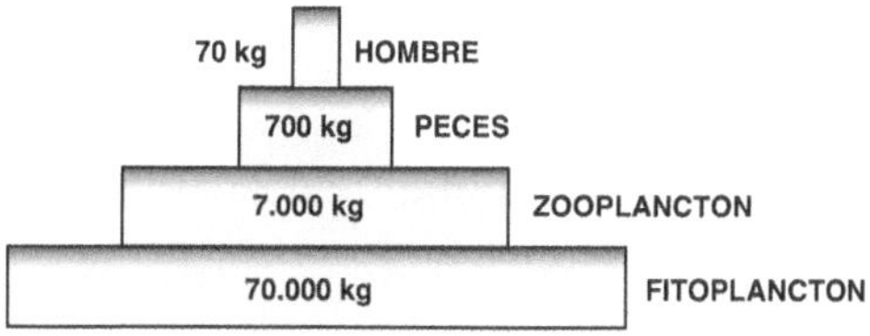

Fig. 4-8. *Pirámide trófica. La biomasa decrece considerablemente a medida que se asciende en la pirámide.*

La sucesión ecológica

Cuando los seres vivos invaden un nuevo biotopo disponible constituyen una comunidad cerrada, en donde no se establecen, al principio, nuevas especies. Al correr el tiempo las condiciones del medio se van modificando, con lo que se van introduciendo nuevas especies, hasta que se establece un nuevo tipo dominante y una nueva comunidad sucede a la antigua. Una nueva modificación del medio, que se vuelve desfavorable para la comunidad, origina que esta comunidad ceda terreno a otra. Y así sucesivamente. Esta sucesión de etapas que se establecen a lo largo del tiempo recibe el nombre de *sucesión ecológica.*

La sucesión se desarrolla a lo largo de cientos o miles de años, en una serie de etapas sucesivas que tienden a una situación de mayor estabilidad. La última etapa de la sucesión, aquella en que se alcanza el máximo grado de estabilidad, recibe el nombre de *climax.*

A medida que avanza la sucesión suele ir aumentando la diversidad de especies. El aumento de la diversidad favorece la estabilidad del ecosistema. Esto se comprende fácilmente si se piensa, por ejemplo, que una vegetación herbácea compuesta por una sola especie podría quedar agotada con facilidad por diversas causas (climatología adversa, plagas, consumida por herbívoros, etc.), cosa que no ocurriría tan fácilmente si contuviera muchas especies.

Sucesión primaria

Es aquella que se desarrolla sobre un área despoblada, donde no ha existido vida con anterioridad o donde la vida existente ha sido completamente destruida. Tal es el caso de surgimiento de nuevas islas, dunas de arena, morrenas glaciales, estanques recién formados, depósitos volcánicos, etc.

Un ejemplo de sucesión primaria es la que se produce cuando en el transcurso del tiempo una laguna y su comunidad se transforman en un terreno seco, con una comunidad completamente diferente (fig. 5-8). Los organismos acuáticos muertos se van depositando en el fondo, al mismo tiempo que el viento acarrea arcilla y restos de vegetación desde las tierras limítrofes. La vegetación enraizada en la orilla invade aguas más profundas, y los bordes de la laguna se van reduciendo. Desde la orilla se desprenden balsas de vegetación que se desplazan hacia el interior, donde encallan y enraízan, formando pequeñas islas que van creciendo al fusionarse entre ellas.

Al transformarse el agua libre en terreno pantanoso desaparecen las plantas acuáticas, que son sustituidas por

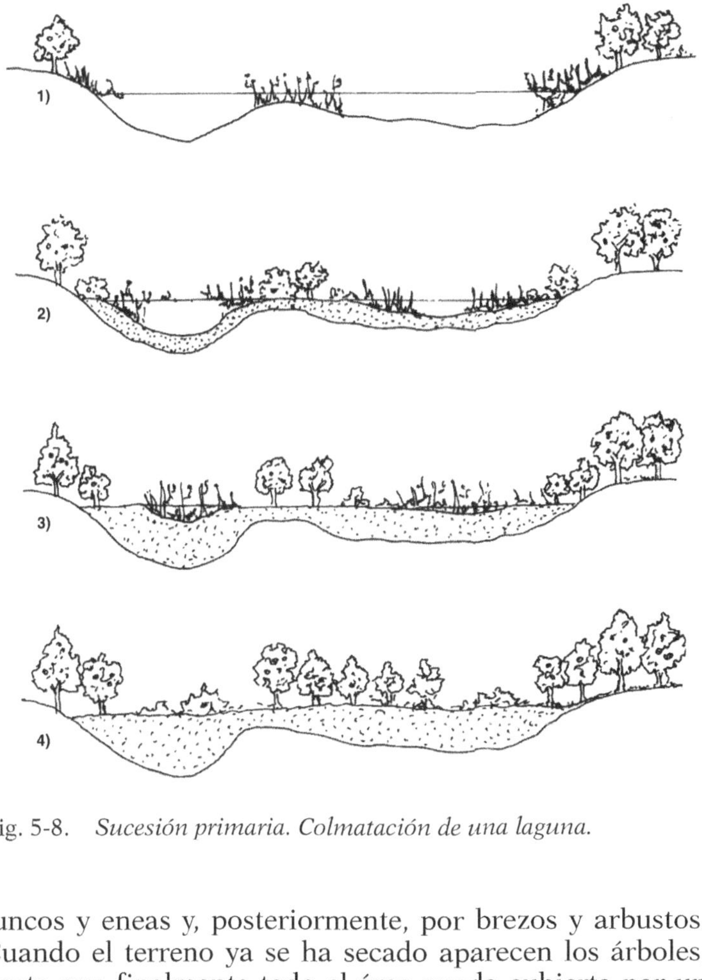

Fig. 5-8. *Sucesión primaria. Colmatación de una laguna.*

juncos y eneas y, posteriormente, por brezos y arbustos. Cuando el terreno ya se ha secado aparecen los árboles, hasta que finalmente todo el área queda cubierta por un bosque de árboles. Al mismo tiempo que la vegetación experimenta estos cambios, la vida animal se modifica paralelamente.

Sucesión secundaria

Es aquella que se desarrolla cuando un área natural se modifica de tal forma que quedan destruidas muchas especies de la comunidad que lo puebla, apareciendo otras nuevas. Esta situación se produce como consecuencia de desastres naturales (fuego, inundación, tornado, etc.) y también a causa de talas y cultivos practicados por el hombre.

Supongamos, por ejemplo, que en un trozo de bosque se pretende cultivar maíz. Para ello hay que cortar todas las plantas y dejar el terreno limpio, con lo cual muchos de los animales que viven allí se marchan a otro sitio. Mientras permanece el cultivo, el paisaje se mantiene casi invariable; pero si algún día el cultivo se abandona, el campo se va cubriendo de hierbas, cada vez más espesas, hasta que aparecen arbustos y árboles de las mismas especies que hay en el bosque que lo rodea. A lo largo de este tiempo retornan los animales silvestres que lo poblaron originalmente.

En algunos casos de sucesión secundaria se establece una comunidad que es, esencialmente, la misma que había antes. Un ejemplo de ello es lo ocurrido en algunas regiones de Estados Unidos. Cuando se instalaron allí los primeros colonos talaron grandes superficies de bosque, para dedicarlas al cultivo y al aprovechamiento de pastos. Debido a la ausencia de bosque disminuyeron las lluvias, y la tierra dejó de ser tan productiva como al principio. Como consecuencia del establecimiento de nuevas granjas en otras regiones más ricas del país, del desarrollo de centros industriales y del descubrimiento de filones de oro, la gente emigró a otras regiones y dejó las granjas abandonadas.

Los campos abandonados se fueron cubriendo de gramíneas, en donde germinaron con facilidad las semillas de pino arrastradas por el viento desde los bosques próximos. Como el pino es un árbol de crecimiento relativamente rápido, impidió el desarrollo de otras especies de árboles de crecimiento más lento.

En el transcurso de unos cincuenta años los pinos habían alcanzado suficiente desarrollo, por lo que fueron taladas grandes áreas para el aprovechamiento de la madera. En los claros del bosque se empezaron a desarrollar árboles de hoja caduca (roble, haya, arce), que fueron adquiriendo un papel dominante, ya que los planteles de pino no pueden crecer a la sombra de árboles adultos.

Una vez que desaparecieron los últimos pinos adultos quedó una comunidad de especies de hoja caduca, que es la que había inicialmente. La sucesión secundaria que se originó en los campos abandonados dio lugar a una comunidad transitoria de pinos, hasta que se restauró el bosque caducifolio típico de la región.

La comunidad en el estado de climax continúa en su área hasta que algún cambio extraordinario del medio origina una destrucción total o parcial o un desplazamiento de la comunidad. Una destrucción total puede ser originada por una erupción volcánica o por una erosión intensa. El incendio suele determinar una destrucción más o menos importante, pero no total. Cuando un incendio quema un trozo de bosque, al cabo de poco tiempo el trozo quemado se invade progresivamente de plantas y animales, hasta que pasado el tiempo se regenera el bosque primitivo. La regeneración tardará más o menos tiempo, según la magnitud del incendio. Las talas abusivas o el ataque de parásitos pueden originar un desplazamiento de la especie dominante.

La recuperación de la comunidad climax depende de la magnitud de la transformación que haya sufrido. Si la transformación es muy intensa puede no haber recuperación. En muchos casos las consecuencias de la actuación humana son irreversibles, como es el caso de muchos suelos erosionados en donde la roca ha quedado a descubierto.

Explotación de los ecosistemas

Dentro de un ecosistema, la materia y la energía pasan a través de los organismos que lo componen. Pero puede ocurrir que una parte de la biomasa salga fuera del ecosistema para consumirse fuera de él; en este caso se dice que hay una explotación de dicho ecosistema.

La explotación de un ecosistema puede darse de una forma natural, como es el caso de las aves migratorias que permanecen durante algún tiempo en un humedal; pero lo más frecuente es la explotación producida por el hombre, que actúa como consumidor primario y secundario (cuando se alimenta de vegetales y de animales, respectivamente) y como descomponedor (cuando, por ejemplo, quema la madera).

En un ecosistema equilibrado, la energía fluye a través de los diferentes organismos que lo componen; cuando el hombre extrae una parte de la energía, el ecosistema reacciona de alguna forma ante esa falta de energía, según la intensidad de la explotación:

— *Explotación escasa.* Se extrae poca biomasa, como ocurre, por ejemplo, cuando se entresacan los árboles de un bosque. El ecosistema puede seguir con las mismas especies que antes, con algunas pequeñas variaciones de equilibrio entre ellas.
— *Explotación mediana.* Se extrae una cantidad mediana de biomasa, como ocurre, por ejemplo, cuando se suprime el matorral y parte de los árboles de un bosque mediterráneo para convertirlo en dehesa aprovechable para pasto. En este caso disminuye el número de especies del ecosistema y se modifican las relaciones entre las especies que quedan, pero se mantiene la estabilidad del ecosistema.
— *Explotación intensa.* Se extrae una considerable cantidad de biomasa. En muchos casos se instala un productos único (trigo, remolacha) y el hombre actúa como único consumidor, con una cadena trófica muy sencilla. Cuando intervienen otros productores que no interesan (malas hierbas) u otros consumidores que compiten con el hombre (insectos) se eliminan. En otros casos se instalan ecosistemas un poco más avanzados, con productores únicos (alfalfa) o más variados (pradera polifita) sobre los que actúan los animales domésticos como consumidores primarios, y el hombre como consumidor secundario.
En la explotación intensiva se pierden los mecanismos de regulación del ecosistema y, en consecuen-

cia, el agricultor tiene que proporcionarlos de una forma artificial. Se extrae una gran cantidad de energía en forma de cosechas; pero el agricultor, a su vez, tiene que gastar una apreciable cantidad de energía en los mecanismos de regulación, usando para ello diversas técnicas: abonado (para suplir la deficiencia de nutrientes en el suelo), pesticidas (para luchar contra plagas, enfermedades y malas hierbas), riego (para aumentar el contenido de humedad en el suelo), etc. Cuando la explotación es muy intensa y el hombre no proporciona los mecanismos adecuados de regulación se puede producir una degradación irreversible del ecosistema, sin posibilidad de recuperación, como es el caso de la erosión del suelo.

Los recursos naturales que puede aprovechar el hombre son de dos categorías:

— *Renovables.* La naturaleza tiene capacidad para renovarlos con mucha rapidez. La agricultura, la ganadería, la explotación forestal, la caza y la pesca explotan recursos renovables. El rendimiento presente y futuro que se obtenga de esos recursos dependerá del uso que se haga de ellos.
— *No renovables.* Son aquellos recursos que existen en cantidades limitadas porque la naturaleza los renueva con mucha lentitud. Los minerales y los combustibles fósiles pertenecen a esta categoría, cuya explotación terminará el día en que se agoten. En el caso de los minerales cabría la posibilidad de reciclarlos.

Consecuencias de la explotación de los ecosistemas

Durante muchos milenios el comportamiento del hombre con respecto a la naturaleza era semejante al de los demás animales. Los mecanismos reguladores de los ecosistemas controlaban el crecimiento de la población humana, tanto como el de los demás animales. Sin embargo, hace unos 10.000 años hubo un cambio en el comportamiento humano, como consecuencia de su capacidad para manipular la energía ajena a la de su propio organismo. Por otra parte, el desarrollo de la cultura permitió que los conocimientos adquiridos por un individuo o una generación se transmitieran a generaciones posteriores.

El fuego quizá haya sido la primera energía externa aprovechada por el hombre, sucediéndose otras a lo largo de los siglos: la energía del viento, de las corrientes de agua, la de los combustibles fósiles, etc.

El medio natural ha sido modificado profundamente por el hombre para extraer los recursos necesarios para su supervivencia. Una explotación racional de los ecosistemas, aun a costa de grandes transformaciones, le permite sacar grandes beneficios, a la vez que se evita la destrucción de medios naturales. Por ejemplo, si en una cascada se instala una turbina para mover un molino u obtener energía eléctrica, no cabe duda de que la humanidad saca mayor beneficio que si el agua fuera desgastando lentamente las piedras del cauce; un terreno de cutivo, en donde la energía solar se transforma en vegetales comestibles, es más beneficioso al hombre que si el sol incidiera sobre el suelo desnudo. En cambio, una explotación irracional de los ecosistemas, derivada a veces de un insuficiente conocimiento del medio, ocasiona una degradación muy profunda del mismo: agotamiento de recursos renovables, desaparición de especies vegetales y animales, contaminación del aire, del suelo y del agua, erosión, etc.

La contaminación

La contaminación consiste en añadir elementos indeseables a un ecosistema. Los componentes del ecosistema que se contaminan pueden ser: el aire, el agua, el suelo y los seres vivos. Los factores contaminantes suelen ser sustancias químicas, pero también puede haber contaminación producida por el calor, ruido, luz, ciertos seres vivos, etc.

Contaminación del aire

La contaminación del aire puede consistir en la incorporación de sustancias extrañas o en la modificación de la proporción de sus componentes.

Las sustancias extrañas incorporadas proceden, en su mayor parte, de la combustión de combustibles fósiles y sus derivados y de diferentes procesos industriales. Algunas de estas sustancias producen efectos negativos sobre los seres vivos (son tóxicas o cancerígenas). En otros casos esas sustancias se combinan entre sí o con los compuestos naturales de la atmósfera, provocando efectos de difícil predicción. Tal es el caso de la destrucción de una parte considerable de la capa de ozono de la atmósfera.

Ciertos óxidos de azufre y de nitrógeno se combinan con el vapor de agua atmosférico y producen ácidos fuertes (ácido sulfúrico y nítrico, respectivamente), que al caer junto con la lluvia (lluvia ácida) provocan la acidificación de las aguas (con la consiguiente repercusión en los organismos acuáticos) y graves daños en los ecosistemas terrestres. Los gases pueden ser arrastrados por el viento a grandes distancias, por lo que los efectos de la lluvia ácida se pueden sentir en regiones muy alejadas de los lugares en donde se producen. Grandes extensiones de bosques centroeuropeos, especialmente de coníferas, están seriamente afectadas por esta contaminación.

El dióxido de carbono es un componente natural de la atmósfera, cuya concentración ha permanecido constante desde la prehistoria. Pero desde mediados del siglo XX se ha observado un aumento considerable, debido sobre todo a las combustiones de combustibles fósiles, provocando un aumento de la temperatura del aire. El dióxido de carbono, que deja pasar la luz solar, dificulta el paso del calor procedente de la radiación terrestre, produciendo un efecto semejante a la cubierta de un invernadero, que deja pasar hacia dentro la luz solar, pero el calor producido dentro del invernadero pasa con dificultad hacia fuera, lo que produce un calentamiento del interior del invernadero *(efecto invernadero).*

Contaminación del agua

La contaminación de las aguas superficiales y subterráneas está provocada por diversos productos: aguas fecales y detergentes de uso doméstico, fertilizantes y pesticidas procedentes de las tierras cultivadas, residuos industriales, agua caliente procedente de circuitos de refrigeración, etc. Como consecuencia de la contaminación, la vida acuática se resiente y muchas veces desaparece.

En ocasiones, una aportación de sustancias con excesiva cantidad de nutrientes provoca un desequilibrio en los ecosistemas acuáticos, lo que fomenta una excesiva proliferación de microorganismos, que consumen el oxígeno disuelto en el agua, en perjuicio de otros seres vivos de la comunidad.

Contaminación del suelo

Se considera agente de contaminación del suelo todo aquello que degrada su calidad. Los contaminantes pueden ser productos útiles que alcanzan concentraciones elevadas o residuos procedentes de un proceso de producción de algo útil. Cuando estos residuos se acumulan sobre un área pequeña ocasionan problemas de contaminación, mientras que si se distribuyen en un área grande pueden ser fácilmente descompuestos en productos inofensivos.

Los pesticidas que directa o indirectamente llegan al suelo agrícola experimentan una serie de procesos físicos, químicos y biológicos que los descomponen en más o menos tiempo. Algunos se degradan en pocos días o semanas, mientras que otros permanecen activos durante meses o años. Lo deseable sería que se degradaran inmediatamente después de haber cumplido su misión.

Los excedentes de fertilizantes no absorbidos por las plantas quedan en el suelo, desde donde una parte más o menos grande puede ser arrastrada a las aguas superficiales o subterráneas.

Los metales pesados (procedentes de residuos sólidos urbanos, del estiércol de aves y porcino alimentados con piensos compuestos y de otras fuentes) se pueden acumular en exceso en el suelo, ocasionando una contaminación que puede durar muchos años.

La erosión

La erosión, en sentido amplio, consiste en extraer elementos deseables de un ecosistema. En un sentido más estricto la erosión consiste en un desgaste de la superficie terrestre provocado por el agua o por el viento.

La desaparición de la cubierta vegetal (consecuencia del sobrepastoreo, la deforestación, los incendios forestales, las malas técnicas agrícolas, etc.) deja el suelo desprotegido contra la erosión, y cuando ésta se produce desaparece el substrato necesario para que la vegetación pueda regenerarse, apareciendo el desierto en un plazo más o menos largo.

En un sentido amplio se puede hablar de la erosión de los componentes bióticos de un ecosistema. La disminución del número de especies de un ecosistema compromete su estabilidad, ya que ésta depende de la diversidad de los seres vivos que lo componen. Aparte de ello, la diversidad es una fuente potencial de genes, que en cualquier momento se pueden utilizar para mejorar las variedades de plantas y las razas de animales domésticos.

Las especies endémicas son las más vulnerables, debido a su reducida área de distribución. Cualquier modificación del medio natural puede resultar fatal en este caso. España es el país europeo con mayor número de especies vegetales endémicas, y también el país con mayor número de especies amenazadas de extinción. Los archipiélagos de Baleares y Canarias son las regiones más ricas en endemismos, y también donde el riesgo de desaparición de especies es más grave.

El crecimiento de la población y de los recursos

Crecimiento es distinto de desarrollo. Cuando una cosa crece se hace más grande; cuando una cosa se desarrolla se hace más armónica, pero no necesariamente más grande. La Tierra se ha desarrollado a lo largo del tiempo, pero no ha crecido. Cualquier sistema contenido en la Tierra, como es el caso de la economía, tiene que adoptar el mismo modelo, es decir, puede desarrollarse, pero no puede crecer indefinidamente.

Hay dos modelos de crecimiento: lineal y exponencial. En el *crecimiento lineal* el aumento es constante durante el mismo período de tiempo. Por ejemplo, si un operario tarda una hora en montar un aparato determinado, al cabo de 2 horas habrá montado 2 aparatos, al cabo de 3 horas habrá montado 3 aparatos, y así sucesivamente.

En el *crecimiento exponencial* el aumento es proporcional a lo que ya existía. Por ejemplo, supongamos una colonia de bacterias que se duplica cada cuarto de hora. Al cabo del primer cuarto de hora cada bacteria da lugar a 2; al cabo del segundo cuarto de hora habrá dado lugar a 4; al cabo del tercer cuarto de hora habrá dado lugar a 8; y así sucesivamente. Cuantas más bacterias haya, mayor será la cantidad de bacterias que se añaden a la colonia por cada cuarto de hora transcurrido.

La población humana, el capital industrial, la producción de alimentos y de otros recursos y la contaminación son factores económicos que tienden a crecer exponencialmente cuando hay condiciones favorables.

El crecimiento de una población o de una economía con respecto a su capacidad de sustentación se puede hacer de cuatro formas (fig. 6-8):

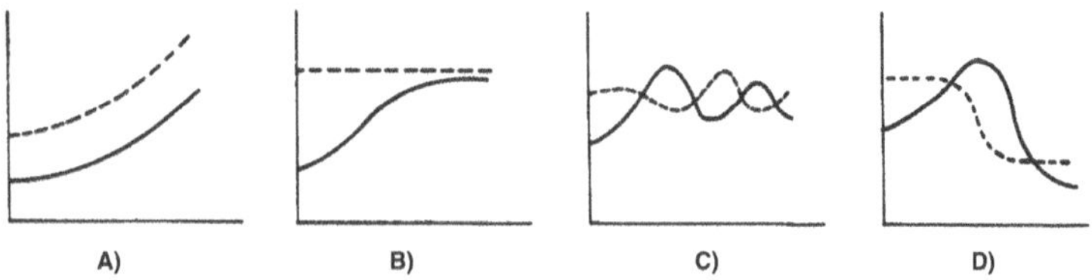

Fig. 6-8. *Formas de crecimiento (representado en línea seguida) con respecto a la capacidad de sustentación (representado en línea interrumpida). A) Crecimiento continuo. B) Crecimiento sigmoideo. C) Sobrepasamiento y oscilación. D) Sobrepasamiento y colapso.*

— *Crecimiento continuo.* Se produce cuando la capacidad de sustentación crece al mismo ritmo o mayor que el crecimiento de la población o de la economía.
— *Crecimiento sigmoideo o en forma de S.* El crecimiento es rápido hasta que alcanza límites próximos a la capacidad de sustentación, en donde se estabiliza. En este tipo de crecimiento la población o la economía se limitan por sí mismas. El crecimiento se detiene porque se reciben señales oportunas de dónde se encuentra con respecto a sus límites, y porque se responde acertadamente a esas señales.
— *Sobrepasamiento y oscilación.* La población o la economía sobrepasan los límites de la capacidad de sustentación, pero bajan de nuevo, oscilando alrededor de esos límites hasta que se estabilizan. Esta forma de crecimiento se produce cuando hay un retraso en la percepción de las señales o cuando se retrasa la respuesta. Todo ello a condición de que el medio no resulte erosionado de forma irreversible, y pueda repararse a sí mismo durante las épocas de sobrecarga.
— *Sobrepasamiento y colapso.* La población y la economía sobrepasan los límites de la capacidad de sustentación, pero el medio ambiente se ha deteriorado de forma irreversible y se produce el colapso, con bajada brusca, tanto de la capacidad de sustentación como de la población o la economía. El resultado es un nivel de vida mucho más bajo que el que hubiera habido si no se hubiera producido la sobrecarga.
Por ejemplo, una sobrepoblación de animales herbívoros elimina hasta las raíces de las hierbas. Como consecuencia, el suelo se erosiona y cada vez hay menos vegetación. Al final del proceso, tanto la vegetación como el número de animales que soporta es menor que al principio.

A principios de la década de los años 70 el Club de Roma, un grupo internacional de científicos, estadistas y empresarios, encargó al MIT (Massachusetts Institute of

Technology) un estudio sobre las consecuencias que tendría a largo plazo un crecimiento de la población, el consumo de recursos y la contaminación. El resultado de dicho estudio fue la publicación en 1972 del libro *Los límites del crecimiento,* de D. Meadow, cuyas conclusiones resumidas fueron las siguientes:

— Si continúan sin modificarse las tendencias actuales de crecimiento de la población mundial, consumo de recursos y contaminación, los límites del crecimiento en la Tierra se alcanzarán en algún momento dentro de los próximos 100 años, causando como resultado más probable una disminución súbita e incontrolada de la población mundial.
— Es posible modificar esas tendencias de crecimiento, estableciendo unas condiciones que puedan ser mantenidas en el futuro y que aseguren la satisfacción de las necesidades básicas de todos los habitantes del planeta.
— Si nos decidimos por el segundo supuesto y no por el primero, las posibilidades de éxito serán mayores cuando antes empiecen las actuaciones para lograrlo.

Veinte años después de la publicación del libro, cuando el autor y sus colaboradores revisaban los datos para ponerlos al día se dieron cuenta de que se habían acortado los límites propuestos en aquella fecha, puesto que muchos flujos de recursos y de contaminación habían sobrepasado los límites sostenibles. En 1992 publicaron el libro *Más allá de los límites del crecimiento,* cuyas conclusiones refuerzan y rectifican las formuladas 20 años atrás:

— El consumo de muchos recursos esenciales y la producción de contaminantes han sobrepasado ya los límites sostenibles. Si no se reduce significativamente el consumo de materiales y de energía, éstos experimentarán una reducción incontrolada en los próximos años.

— Para evitar esta reducción se precisa una revisión global de las políticas y prácticas que favorecen el crecimiento del consumo y de la población. Al mismo tiempo se necesita incrementar rápidamente la eficiencia en la utilización de materiales y de energía.
— Es posible un desarrollo sostenible, es decir, que cualquier país del mundo pueda satisfacer sus necesidades sin comprometer la capacidad de las generaciones futuras para satisfacer las suyas.
Para acceder a esa sociedad sostenible hay que poner un mayor énfasis en la equidad y calidad de vida, que en la cantidad de producción y consumo.

Desde los puntos de vista técnico y económico es posible una sociedad sostenible. El crecimiento tiene límites físicos, en cuanto a la capacidad del Planeta como suministrador de recursos y como sumidero de contaminantes. Es preciso tomar conciencia de la gravedad del problema para tomar las decisiones adecuadas antes de que sea demasiado tarde.

La producción de alimentos

Hasta finales del siglo XIX, la producción creciente de alimentos que demandaba el incremento de la población humana se satisfacía con el aumento de la superficie puesta en cultivo. Durante el siglo XX, especialmente en las últimas décadas, esa demanda se ha cubierto mucho más con el incremento de la productividad que por el aumento de la superficie cultivada.

Durante la segunda mitad del siglo XX el incremento de la población humana ha sido espectacular. En 1953 la población mundial era de 2.500 millones de habitantes y en 1988 llegó a 5.000 millones, lo que ha supuesto la duplicación en un plazo de 35 años. Este incremento no se produce de modo uniforme; es mucho mayor en los países poco desarrollados o en vías de desarrollo que en los países desarrollados, en donde, con frecuencia, hay un crecimiento negativo. (En España, en el año 2000, han nacido 1,07 hijos por cada mujer en edad de procrear, lo que supone la tasa de natalidad más baja del mundo). En la actualidad se observa una desaceleración en el crecimiento de la población mundial, bajando progresivamente desde una tasa superior al 2% anual en los años 60 hasta el 1% que se prevé para el año 2025.

Como consecuencia de la Revolución Verde, el incremento de la producción de alimentos ha sido espectacular en la segunda mitad del siglo XX, pasando de 250 kg de alimentos por habitante y año en 1950 a 350 kg en 1992. En los países en vías de desarrollo este incremento ha sido más relevante, pues ha pasado de 170 kg a 250 kg, a pesar del gran incremento de población. En contraste tenemos al continente africano, en donde se ha producido un retroceso. Durante la década 1980-1990 la cantidad de alimento por persona se incrementó en China e India en un 27%, mientras que en el Africa subsahariana disminuyó en el 10%.

Según FAO, en 1960 las tres cuartas partes de la población de 130 países en vías de desarrollo no cubrían el mínimo de 2.000 calorías por día, mientras que actualmente más del 95% de la población de esos países sobrepasa esa cantidad. Debido a la desigual distribución de los recursos, unos 2.000 millones de personas sufren desnutrición, de los cuales unos 800 millones pasan hambre todos los días.

Los rendimientos actuales bastan para abastecer de alimentos a la población actual. Con un posible incremento de los rendimientos en los países en vías de desarrollo, y menor desperdicio entre la cosecha y el consumo, se podría abastecer a una población el doble que la actual, suponiendo que no cambien los hábitos alimenticios de una buena parte de la población mundial, que tiene una dieta eminentemente vegetariana, por falta de recursos para procurarse mayor cantidad de proteínas de origen animal. Para producir una determinada cantidad de calorías en forma de carne se necesita una superficie cultivada 7 veces mayor que para producir esas calorías en forma de patata.

La producción de alimentos viene limitada, fundamentalmente, por tres condicionantes:

- *Disponibilidad de tierra cultivable.* En los últimos 50 años la superficie agrícola mundial se ha mantenido en torno a 1.400 millones de hectáreas, y no es probable que se incremente en el futuro. La pérdida de tierra cultivada por efecto del deterioro del suelo (salinización, erosión, etc.) se ha compensado con la incorporación de nuevas tierras; pero no es deseable que haya nuevas incorporaciones, para no dedicar a la agricultura espacios que es preciso conservar en un estado natural, si no se quiere poner en peligro sistemas ecológicos insustituibles.
- *Mantenimiento del suelo disponible.* Hay que apoyar y potenciar formas de cultivo que mantengan el actual suelo disponible en buenas condiciones de fertilidad, evitando su deterioro por procesos de erosión, salinización y desertización.
- *Disponibilidad de agua dulce.* El incremento de la población supone también un incremento de las necesidades de agua para los usos más esenciales, lo que va a influir, en muchos casos, en la disponibilidad de agua para el riego. Teniendo en cuenta otras limitaciones —como pueden ser: la salinización de los suelos regados o que el transporte del agua no es practicable por encima de unos pocos cientos de kilómetros— es poco probable una ampliación significativa de la superficie regable.

El consumo alimentario (en cantidad y calidad) de una buena parte de la población mundial va a crecer legítimamente de una forma considerable. Si un futuro incremento de la tierra cultivable tropieza con dificultades importantes, no queda más remedio que intensificar la producción basándose en la tecnología actual, lo que puede acarrear graves consecuencias medioambientales si no se toman medidas oportunas. El reto futuro, por tanto, será aumentar el rendimiento por unidad de superficie, haciéndolo de una forma compatible con el medio natural.

Se precisa obtener unas variedades de mayor rendimiento, más adaptables a condiciones adversas y más resistentes a plagas y enfermedades, en cuya consecución la ingeniería genética tiene una misión importante que desempeñar.

LECTURA

Un cambio de actitud

El modelo de economía actual está mostrando sus limitaciones. En los últimos 50 años la sociedad industrial ha consumido más recursos que el resto de la humanidad desde que ésta existe, por lo que la sociedad del bienestar va a quedar reducida a una concentración del consumo aquí y ahora para unos pocos afortunados, excluyendo de sus beneficios a los actuales desfavorecidos y a todos los futuros habitantes del planeta.

Este sistema de producción y consumo tiende a sobreexplotar los recursos naturales. El hombre se ha acostumbrado a ver la naturaleza como algo de lo que él no forma parte, y que es preciso dominar para sacar la mayor productividad, aunque sea a costa de destruirla. Durante las dos últimas centurias (y, sobre todo, durante los últimos cincuenta años) se han cometido tantos desmanes ecológicos que no es posible continuar así durante mucho tiempo sin que tengamos que afrontar graves consecuencias.

Cada minuto se pierden 40 hectáreas de vegetación natural (que al cabo de un año representa una superficie equivalente a la de Suiza) y sólo se repuebla la décima parte de esa superficie. Un tercio de la superficie emergida se encuentra en riesgo de desertización. La alimentación de todo el mundo depende, fundamentalmente, de 8 megacultivos (trigo, arroz, maíz, cebada, sorgo, patata, judía y soja), con unas variedades tan uniformes que resultan muy vulnerables ante cualquier adversidad.

Otra consecuencia de este modelo de economía es la acumulación de riqueza en unos pocos países, mientras que se ha agigantado la diferencia entre países pobres y ricos. La renta per cápita abarca desde los 36.000 dólares en Suiza hasta los 60 dólares en Mozambique. Mientras el 25% de la población más rica del Planeta (en donde se incluye España) acapara el 89% del producto mundial bruto, al 25% de la población más pobre le corresponde el 1,6%. Y estas diferencias se agrandan cada vez más. En 1960 el 20% más rico de la población mundial tenía unos ingresos 30 veces mayores que el 20% más pobre; en 1990 esa diferencia había aumentado al doble.

El producto interior bruto per cápita se ha duplicado en EE. UU. durante los últimos 40 años y se ha multiplicado por 15 en Japón, mientras que en China, India, Paquistán e Indonesia (naciones que contienen casi la mitad de la población mundial) apenas ha variado. Incluso en algunos países menos desarrollados —como es el caso de los países subsaharianos— los ingresos per cápita se han reducido durante la década de los años 80 y 90.

El modelo de crecimiento económico actual se basa en dos premisas: que el nivel de vida de los más ricos (ya sean países o individuos) es innegociable, y que más pronto o más tarde ese nivel de vida alcanzará a todo el mundo.

Estas premisas, sin embargo, no son compatibles. Según reconocen Naciones Unidas (y la experiencia lo demuestra) sólo se puede mantener el nivel de vida en el Norte a costa de mantener una desigualdad extrema a escala mundial, ya que la Tierra, —como suministradora de recursos y sumidero de residuos— no tiene capacidad suficiente para proporcionar a todos sus habitantes el nivel de vida de que gozan los más ricos. El 20% de la humanidad consume el 80% de los recursos. Si todos los habitantes del Planeta consumieran la misma cantidad de energía que la correspondiente a cada ciudadano de EE. UU., las reservas conocidas de petróleo se agotarían en un plazo de 8 años.

La producción de alimentos se ha duplicado o triplicado en los países del Tercer Mundo durante los últimos 20 años. Pero como consecuencia del rápido crecimiento de la población, la producción de alimentos por persona apenas ha mejorado, y en Africa ha decrecido.

Mientras una parte importante de la población mundial no puede satisfacer sus necesidades primarias —cada año mueren de hambre unos 16 millones de personas— en los sectores más privilegiados se crean necesidades supérfluas, impulsando el consumo incluso de cosas inútiles o perjudiciales, sin detenerse siquiera ante la producción de las armas más destructivas.

La experiencia pone de manifiesto que este sistema económico y social no resolverá el problema de la pobreza. La solución hay que buscarla en establecer un nuevo orden económico y social en donde los recursos se repartan mejor entre todos, lo que implica que los países desarrollados elaboren programas basados en la reducción del consumo. Por otro lado, una economía de orientación ecológica evitará el derroche de energía y de recursos naturales, mediante el diseño de productos en donde se facilite su reparación o reutilización, en vez de forzar la sustitución. No cabe clamar por una naturaleza virgen, sino que partiendo de la situación que hoy tenemos, tratemos de mejorarla.

El problema ecológico, considerado en su conjunto, no es sólo un asunto científico o técnico, sino que tiene sus raíces más hondas y su solución requiere actuaciones a otros niveles. Eminentes científicos de gran prestigio reconocen que si no cambian los modelos actuales de la actividad humana, la ciencia y la tecnología se verían incapacitadas para evitar una degradación irreversible del medio ambiente y la pobreza definitiva para una buena parte de la humanidad. Para un cambio de actitud deberemos asumir nuevos valores de orden social, económico y humano.

La crisis es tan grande que nadie debe sentirse ajeno a ella. Pero la alarma no puede quedar en unas previsiones catastróficas, sino que debe impulsar a un cambio en la forma de actuar sobre el medio natural. Sobre este particular hay un pacífico consenso entre todas las partes en conflicto sobre el debate ecológico. El desacuerdo surge cuando se trata de especificar las medidas económicas, políticas y técnicas que se deben tomar. El consenso es fácil cuando se habla a nivel de ideas generales de justicia, solidaridad, etc. pero, hasta ahora, se ha hecho imposible cuando se trata de dar a esas ideas un contenido preciso.

VI. FILOGENIA

9. LA EVOLUCIÓN DE LAS PLANTAS

Los primeros organismos y su evolución

El planeta Tierra se formó hace unos 4.500 millones de años. Se cree que la atmósfera primitiva estaba formada fundamentalmente por nitrógeno, procedente de las erupciones volcánicas, junto con cantidades importantes de dióxido de carbono y vapor de agua. Estos tres gases están formados por carbono, hidrógeno, nitrógeno y oxígeno, elementos que constituyen el 98% de la materia orgánica de los seres vivos.

La radiación ultravioleta del Sol (que actualmente es absorbida casi en su totalidad por la capa de ozono atmosférico), junto con la energía eléctrica generada en violentas tormentas y la radiación emitida por sustancias radiactivas terrestres provocaron la síntesis de moléculas orgánicas, que fueron arrastradas por las lluvias hasta los océanos.

De la agrupación de moléculas orgánicas surgieron las primeras formas de vida —células primitivas o estructuras semejantes a células— que utilizaban como fuente de energía otras moléculas orgánicas libres disueltas en el agua del mar. A medida que evolucionaron estas estructuras adquirieron la capacidad de crecer, reproducirse y transmitir sus caracteres a las generaciones siguientes. Estos organismos surgieron hace unos 3.500 millones de años.

Conforme aumentaba el número de estos organismos heterótrofos disminuía la cantidad de materia orgánica libre acumulada durante millones de años. Ante la escasez de recursos surgió la competencia, con lo cual sobrevivieron aquellos organismos mejor dotados que podían aprovechar de forma más eficiente los recursos orgánicos que iban quedando. Algunos organismos evolucionaron de forma que fueron capaces de construir su propio cuerpo a partir de sustancias inorgánicas, surgiendo así los primeros organismos autótrofos, hace unos 3.400 millones de años. Los autótrofos que tuvieron más éxito fueron los que utilizaron como fuente de energía la luz solar, mediante la fotosíntesis, proceso que libera oxígeno libre a la atmósfera.

La liberación de oxígeno mediante la fotosíntesis tuvo unas repercusiones importantísimas para la vida en la Tierra. Algunas moléculas de oxígeno se transformaron en ozono, que filtra la radiación ultravioleta antes de llegar a la Tierra, lo que permitió la supervivencia en las capas superficiales del agua y sobre la tierra firme. Por otra parte, el incremento de oxígeno en la atmósfera permitió a los organismos la respiración aerobia, mediante la cual se aprovecha la energía contenida en los compuestos orgánicos, elaborados en la fotosíntesis, con más eficiencia que en cualquier otro proceso anaerobio.

Los primeros organismos fueron las bacterias, procariotas unicelulares, surgidos hace unos 3.500 millones de años, y durante más de 2.000 millones de años representaron la única forma de vida en la Tierra. Las primeras bacterias fotosintéticas pudieron haber surgido hace unos 3.400 millones de años.

Los organismos eucariotas unicelulares surgieron de las bacterias hace unos 1.500 millones de años; de ellos surgieron los eucariotas pluricelulares hace unos 650 millones de años, que comenzaron a invadir la tierra firme hace unos 450 millones de años. Todas las divisiones que comprende el reino Protista (algas, mohos, etc.) evolucionaron a partir de eucariotas unicelulares o pluricelulares, pero en líneas evolutivas independientes.

Las algas contienen clorofila a en los cloroplastos; las bacterias fotosintéticas tienen clorofila a, pero no tienen cloroplastos. En base a las semejanzas existentes entre estas bacterias y los cloroplastos se acepta que éstos se pudieron originar a través de una serie de relaciones simbióticas en las que estuvieran implicadas diferentes bacterias fotosintéticas. Se cree, por tanto, que las algas se originaron como resultado de las relaciones simbióticas entre organismos eucariotas no fotosintéticos y bacterias fotosintéticas.

Los virus se originaron probablemente a partir de fragmentos de ADN o ARN de bacterias y de eucariotas, que se independizaron en el interior de las células, sintetizaron una cubierta protectora y empezaron a funcionar en el interior de las células de los organismos, merced a su capacidad de utilizar el metabolismo de las células en donde se alojan.

Los primeros hongos surgieron probablemente a partir de un organismo eucariota unicelular, hace unos 450 millones de años, y de ellos evolucionaron los diferentes tipos de hongos actuales. No tiene ninguna conexión evolutiva con las plantas. Ambos reinos evolucionaron independientemente a partir de grupos diferentes de eucariotas.

La evolución de las plantas

Las plantas evolucionaron seguramente a partir de un alga bastante compleja que colonizó la Tierra hace unos 430 millones de años, y que tenía una alternancia de generaciones bien desarrollada: la generación haploide, productora de gametos, se llama *gametofito,* y la generación diploide, productora de esporas, se llama *esporofito.*

La reproducción sexual supuso una gran ventaja selectiva frente a la reproducción asexual, ya que aquélla representa el principal mecanismo para mantener la variabilidad, que hace posible la adaptación de los seres vivos a los diferentes ambientes.

El tránsito de las plantas a tierra firme, en donde podían satisfacer mejor las necesidades de luz, oxígeno, dióxido de carbono y unos pocos iones minerales, supuso la aparición de diversos mecanismos para proveerse de agua y evitar la desecación. Cuando las plantas colonizaron la tierra firme se reproducían inicialmente mediante esporas resistentes a la sequía, y posteriormente mediante unas estructuras complejas que contienen a los gametos.

Todas las plantas actuales tienen embrión, que es el cigoto en las primeras fases de su desarrollo. En las plantas más evolucionadas —las angiospermas— el embrión está dentro de una estructura especializada (la semilla), que le protege de la desecación y los depredadores.

Plantas vasculares

Las líneas evolutivas que dieron lugar a briofitos y plantas vasculares, a partir de un antepasado común (las algas verdes), debieron de separarse hace mucho tiempo. Para evitar la desecación, las plantas vasculares se recubrieron de una capa protectora, la cutícula, compuesta fundamentalmente de cutina (del latín «cutis»: piel), sustancia que evita la deshidratación, pero a la vez dificulta el intercambio de gases entre la planta y la atmósfera. El problema se resuelve con la presencia de unas aberturas especializadas (los estomas) que se abren y se cierran según las condiciones fisiológicas y ambientales, lo que permite a la planta mantener el equilibrio entre las pérdidas de agua y los requerimientos de gases atmosféricos necesarios para la fotosíntesis. La mayoría de los briofitos carecen de cutícula, pero muchos de ellos tienen unos estomas simples que funcionan de forma diferente que en las plantas vasculares.

Otras características importantes que diferencian a los briofitos de las plantas vasculares son los siguientes:

- Las plantas vasculares tienen unos tejidos conductores especializados (xilema y floema), mientras que los briofitos carecen de ellos. Por consiguiente, estos últimos carecen de raíces, tallos y hojas auténticos, ya que, en sentido estricto, todos estos órganos vienen condicionados a los tejidos vasculares. Muchos briofitos absorben el agua directamente a través de hojas y tallos, mientras que otros poseen unos haces de células conductoras de agua e, incluso, células conductoras de nutrientes, pero en ningún caso estas células están organizadas en tejidos conductores especializados.

- La alternancia de generaciones es de naturaleza distinta en las dos divisiones de plantas. En los briofitos el gametofito es independiente desde el punto de vista de nutrición, mientras que el esporofito permanece unido al gametofito, esto es, el gametofito es la generación dominante y sobresaliente. En las plantas vasculares el esporofito es la generación dominante e independiente desde el punto de vista nutricional.

Uno de los pasos fundamentales en la evolución de las plantas vasculares fue la diferenciación morfológica entre las partes aérea y subterránea. La parte subterránea del esporofito evolucionó a la formación de raíces, con las funciones de anclaje al suelo y absorción de agua y elementos minerales, mientras que la parte aérea evolucionó a la formación de una gran superficie captadora de la luz (las hojas), lo que permitió una fotosíntesis eficaz.

Las raíces evolucionaron a partir de la porción inferior del vástago. Las hojas de nerviadura única evolucionaron a partir de unas excrecencias laterales del tallo, mientras que las hojas de nerviación más compleja evolucionaron a partir de un sistema formado por una ramilla y sus ramificaciones, que se fusionaron y aplanaron hasta formar una lámina.

Otro paso importante en la evolución fue adquirir la capacidad de sintetizar lignina (del latín «lignum»: leño) por parte de las células que constituyen los tejidos conductores y de sostén.

Las plantas vasculares más primitivas producen un solo tipo de esporas, que al germinar dan lugar a un gametofito bisexual. Las más evolucionadas producen dos tipos de esporas (microsporas y megasporas), que al germinar dan lugar a un gametofito masculino y otro femenino.

A medida que evolucionaban las plantas vasculares se fue reduciendo el tamaño del gametofito, que se hizo dependiente del esporofito (mucho mayor y más complejo) en lo relativo a nutrición y protección. Hace unos 360 millones de años algunas líneas evolutivas desarrollaron semillas, unas estructuras en donde empieza a desarrollarse el esporofito (embrión). Todas ellas contienen una cubierta y un tejido nutritivo, que protegen y alimentan al embrión, incrementando la supervivencia de la planta joven, lo que permitió a estas plantas acomodarse a los más diversos ambientes de tierra firme.

Las plantas vasculares sin semilla necesitan un medio acuoso para que el gameto masculino, que se mueve por medio de flagelos, pueda llegar hasta el gameto femenino y fecundarlo. En la mayoría de las plantas con semilla, el grano de polen, que es el gametofito masculino parcialmente desarrollado, se desplaza completo hasta las proximidades del gametofito femenino, en donde germina y produce un tubo emergente (el tubo polínico) para alcanzar al gametofito femenino. Una vez que lo alcanza se rompe el tubo polínico y libera dos gametos masculinos; uno de ellos fecunda al gameto femenino (la ovocélula). En el proceso evolutivo, la aparición del tubo polínico permitió a las plantas vasculares con semilla independizarse del agua para realizar la fecundación.

La pérdida de las hojas en el otoño en muchas especies perennes (caducifolias) que habitan lugares con inviernos fríos es una adaptación ventajosa ocurrida en el curso de la evolución. El coste energético de mantener la hoja perenne durante el invierno es superior al que se requiere para formar nuevas hojas en primavera a costa de las reservas acumuladas. Otras plantas, como los pinos, no pierden las hojas en otoño porque son plantas primitivas que no han desarrollado mucho la capacidad de almacenar reservas.

Las angiospermas

Las angiospermas, que en la actualidad representan una gran parte de las especies existentes, surgieron hace unos 130 millones de años a partir de alguna gimnosperma. Seguramente aparecieron en los altiplanos áridos y semiáridos de Godwana, el gran continente que comprendía: Africa, América del Sur, India, Australia y Antártida. La separación de Africa y Suramérica, hace unos 90 millones de años, coincidió con unos cambios drásticos en el clima mundial y la gran evolución de estas plantas, que se hicieron dominantes en todo el planeta.

El éxito de la evolución de las angiospermas se debió a la adquisición de varias características tales como: la adaptación para resistir las deficiencias de agua, el desarrollo más eficiente de sistemas de polinización y dispersión de frutos y semillas, y la elaboración de sustancias químicas que las defendían de animales herbívoros y microorganismos productores de enfermedades. Estas características, entre otras, permitieron a estas plantas reproducirse con más rapidez y eficacia que otras.

La característica más importante de las angiospermas es la flor, un brote de crecimiento limitado en donde se forman las estructuras reproductoras. Una de estas estructuras es el carpelo, procedente de una hoja que se ha doblado sobre sí misma para formar una cavidad en donde los óvulos quedan encerrados y protegidos. Posteriormente el carpelo diferenció una zona abultada (ovario) y otra tubular (estilo) rematada en una estructura receptora del polen (estigma). Los estambres han evolucionado a partir de hojas o de ramitas delgadas con esporangios terminales. Los sépalos son hojas especializadas en proteger a la flor cuando aún no se ha abierto. Los pétalos proceden de los sépalos o de estambres que se hicieron estériles para asumir la función de atraer a los animales polinizadores.

El modo de polinización ha influido poderosamente en la evolución de la flor. Los estímulos visuales u olfativos atraen a los animales polinizadores, entre los que sobresalen los insectos, y especialmente las abejas.

En el transcurso de la evolución algunas características florales se han originado como respuesta a las características de animales polinizadores específicos. Las flores polinizadas por insectos coleópteros suelen ser blancas o de colores pálidos, debido a que estos animales tienen más desarrollado el olfato que la vista. Los nectarios de las flores polinizadas por mariposas se suelen localizar en la parte inferior de una corola tubular alargada, solamente accesible al aparato chupador de estos insectos. Las flores polinizadas por aves y murciélagos suelen tener una producción abundante de néctar, con el fin de satisfacer las grandes necesidades energéticas de estos animales; además, en muchos casos estas flores han evolucionado para contener el néctar en la base de unas estructuras tubulares, para impedir el acceso a otros animales con menores necesidades, que se saciarían con la visita a una sola flor o a unas pocas flores de una sola planta, lo que no favorece la fecundación cruzada.

El color rojo de los pétalos atrae a las aves, pero no a muchos insectos, que no perciben esa señal. Las flores polinizadas por murciélagos, de hábitos nocturnos, son de colores pálidos y se abren de noche, pero exhalan un olor intenso, que los atrae.

Las plantas que son polinizadas por el viento producen una gran cantidad de polen de pequeño tamaño, y tienen unos estigmas muy desarrollados para capturarlo con mayor facilidad. Este modo de polinización es menos eficiente que la realizada por animales, ya que éstos transportan el polen a mayor distancia que el viento, lo que obliga a los individuos de las especies polinizadas por el viento a una mayor concentración en el espacio.

El ovario —y en ocasiones algunas piezas florales asociadas— después de la fecundación se transforman en fruto, que envuelve a la semilla. La diversidad de frutos y semillas viene determinada por el modo de dispersión de la semilla. Cuando la dispersión la realiza el viento, los frutos y las semillas son ligeros y a menudo poseen unas estructuras (alas, pelos, penachos) que facilitan la dispersión. Algunos frutos expulsan las semillas de forma violenta. Cuando el agua interviene en la diseminación, los frutos y semillas tienen cubiertas protectoras de la humedad. Otros frutos y semillas disponen de algún mecanismo (púas, espinas, pelos, cubiertas pegajosas) con el que se adhieren a la piel o plumas de los mamíferos y las aves.

Los frutos cuyas semillas son dispersadas por animales vertebrados son carnosos y de apariencia apetitosa, lo que representa un claro ejemplo de coevolución entre animales y plantas. En la maduración de estos frutos ocurren una serie de modificaciones, tales como: aumento del contenido de azúcar, ablandamiento de tejidos y un cambio de color, desde verde a rojo, amarillo, azul o negro. El cambio de color y de sabor que se produce en la maduración es una señal de la planta para indicar que las semillas ya están maduras y pueden ser dispersadas.

Las semillas de los frutos comidos por aves y mamíferos atraviesan sin alteración el tubo digestivo o son regurgitadas a cierta distancia de donde fueron ingeridas. El color rojo de muchos frutos maduros pasa desapercibido para los insectos, que lo confunden con el color de las hojas, pero es muy llamativo para los vertebrados, lo cual favorece que sean comidos por estos últimos (que pueden dispersar la semilla).

Algunas angiospermas producen metabolitos secundarios —alcaloides, aceites esenciales, quinonas, flavonoides— con lo que inducen a muchos animales herbívoros a evitarlas. La capacidad de producir estas sustancias es un paso evolutivo importante porque les proporciona protección contra muchos herbívoros. Sin embargo, algunos insectos se alimentan sólo de las plantas que producen alguno de estos metabolitos tóxicos, lo que también representa un paso importante en la evolución de estos insectos; si un pájaro come uno de estos insectos sufre vómitos y trastornos gástricos, y en adelante evitará comerlos. Con frecuencia estos insectos tienen colores muy llamativos para anunciar a sus depredadores que su cuerpo contiene sustancias tóxicas.

Entre los metabolismos tóxicos figuran: drogas, alucinógenos y ciertas sustancias que interfieren el desarrollo normal de los herbívoros. Entre ellos están, por ejemplo, los ingredientes activos de la marihuana (obtenida del cáñamo), el opio (obtenido de la adormidera), la diosgenina (obtenida de ñames silvestres) o la solasodina (obtenida de ciertas especies de *Solanum).*

Entre las flores más especializadas, desde el punto de vista evolutivo, están las de la familia Compuestas, en donde las numerosas y diminutas flores individuales se agrupan en un capítulo que actúa como única flor de grandes dimensiones, con el fin de facilitar la atracción de los insectos polinizadores. Los sépalos no existen o quedan reducidos a unos pelos o escamas que facilitan la dispersión del fruto por el viento o por los animales, en cuyos pelos o plumas quedan adheridos. En algunas especies (girasol, margarita) la corola de las flores periféricas del capítulo tiene el aspecto de un pétalo grande y acintado, que atrae a los insectos. Las flores del capítulo maduran a lo largo de varios días, desde fuera hacia dentro, lo que permite a las flores del mismo capítulo ser fecundadas por el polen de distinta procedencia. El éxito evolutivo de estas flores lo confirma el hecho de que la familia Compuestas, con sus 22.000 especies, sea la más numerosa.

La evolución de las poblaciones

La selección natural es el proceso mediante el cual los individuos que presentan las características más favorables se adaptan al medio mejor que otros individuos de la población y dejan mayor número de descendientes. Las mutaciones son la base de la variabilidad de los individuos, pero los cambios en las poblaciones suceden como consecuencia de la selección natural actuando sobre esa variabilidad.

El enfrentamiento de los organismos ante condiciones ambientales opuestas impone algunos límites a la selección. Por ejemplo, las plantas del desierto están adaptadas para germinar, crecer y reproducirse en muy poco tiempo aprovechando las lluvias ocasionales que se dan en estas zonas, pero los individuos que germinan después de una lluvia débil no son capaces de reproducirse y son eliminados de la población.

A medida que las poblaciones se van diferenciando unas de otras, también pueden cambiar las características que permitían originariamente los cruzamientos entre ellas. En este caso puede ocurrir que plantas procedentes de poblaciones distintas no sean capaces de producir híbridos, o si lo hacen puede ser que estos híbridos sean estériles, lo que origina el aislamiento reproductivo entre esas poblaciones. Este aislamiento es uno de los hitos más importantes en la divergencia evolutiva de las poblaciones, lo que da origen a la formación de las especies.

Sin embargo, algunas especies bastante distintas desde el punto de vista ecológico pueden, en raras ocasiones, formar híbridos fértiles entre ellas. Aunque los híbridos entre especies son raros en la naturaleza pueden influir de forma considerable en la comunidad, ya que tales híbridos recombinan los caracteres de los progenitores y, a menudo, están mejor adaptados al medio; incluso pueden colonizar algún hábitat en donde sus parentales no pudieron progresar. De cualquier modo, el establecimiento de las poblaciones de híbridos depende de su fertilidad o de su facultad de propagación asexual. Un ejemplo significativo es la gramínea *Poa pratensis,* cuya hibridación ocasional con numerosas especies próximas ha dado origen a un gran número de híbridos que se propagan por multiplicación asexual y que se han adaptado a diversos ambientes.

Los híbridos estériles pueden recuperar su fertilidad mediante la duplicación del número de cromosomas (poliploidía). Este proceso ha contribuido al proceso evolutivo de forma muy significativa, hasta el punto que son poliploides muchas de las especies conocidas; entre los cultivos más importantes tenemos el trigo, el algodón, la patata, el tabaco, la caña de azúcar, la platanera.

Glosario

Abscisión. Fenómeno que comporta la caída natural de las hojas, flores y frutos.

Acícula (del latín «acicula», diminutivo de «acus»: aguja). Hoy larga y estrecha.

Acido abscísico. Fitohormona que inhibe muchos fenómenos de crecimiento.

Acodo. Forma de multiplicación vegetativa consistente en enterrar una parte del tallo de una planta, pero sin separarla de la planta madre hasta después del arraigo.

ADN. Acido desoxirribonucleico. Tipo de ácido nucleico portador de la información genética, merced a la cual los organismos se desarrollan de un modo determinado y transmiten esa información de una generación a otra.

Adventicio (del latín «adventicius»: que no pertenece completamente a). Organo que surge en un lugar inusual.

Aerobio (del griego «aeros»: aire, y «bios»: vida). Que necesita para vivir el oxígeno del aire.

Albura (del latín «albus»: blanco). Xilema secundario, generalmente de color claro, que ocupa los anillos más externos por debajo del cambium vascular.

Alelo. Alelomorfo.

Alelomorfo (del griego «alelos»: uno frente a otro, y «morfe»: forma). Cada una de las dos o más formas alternativas de un gen.

Aleloquímico (del griego «alelos»: uno frente a otro). Producto elaborado por las células secretoras de una especie, que actúa sobre otras especies animales o vegetales.

Almidón. Hidrato de carbono complejo e insoluble, compuesto por muchas unidades de glucosa. Es la principal sustancia nutritiva de reserva de las plantas.

Anabolismo (del griego «anabole»: progresión). Fase constructiva del metabolismo, consistente en la formación de sustancias complejas a partir de otras más simples. Este proceso requiere energía.

Anaerobio (del griego «an»: sin, «aeros»: aire, y «bios»: vida). Que viven en ausencia del oxígeno del aire.

Angiosperma (del griego «angión»: cavidad, y «esperma»: semilla). Planta cuya semilla se forma en una cavidad (carpelo); en consecuencia las semillas se encuentran encerradas en un ovario maduro (el fruto). Antofita.

Antera. Parte terminal del estambre.

Antofita (del griego «antos»: flor, y «phiton»: planta). Planta con flores.

Apical. Situado en el extremo de un órgano.

Apice. Extremo superior de un órgano. Punto de crecimiento.

Apomixis (del griego «apo»: carencia, y «mixis»: mezcla). Tipo de reproducción aparentemente sexual, pero que se realiza sin previa fusión de células sexuales.

Apoplasto (del griego «apo»: sin, y «plastos»: formado). Conjunto de espacios intercelulares, paredes celulares y cavidades que dejan los protoplastos al desaparecer.

Aquenio. Fruto monocárpico, seco, indehiscente y de una sola semilla.

Arbol. Planta perenne de gran tamaño con un tronco leñoso ramificado y con pocas (o ninguna) ramas en la base.

Arbusto. Planta perenne leñosa de tamaño mediano, con ramas laterales bien desarrolladas que aparecen cerca de la base.

ATP. Adenosintrifosfato. Es la fuente principal de energía química del metabolismo.

Autrótrofo (del griego «auto»: por sí mismo, y «trophos»: alimento). Ser vivo que toma sustancias inorgánicas pobres en energía y las transforma en sustancias orgánicas ricas en energía mediante la incorporación de energía libre.

Auxina (del griego «auxein»: crecer). Fitohormona de crecimiento.

Barbado. Tallo enraizado separado de la planta madre.

Baya. Fruto policárpico, carnoso e indehiscente.

Bienal. Planta que completa su ciclo en más de un año, sin pasar de dos, y florece generalmente en el segundo año.

Biomasa (del griego «bios»: vida). Cantidad de materia viva que hay por unidad de superficie o de volumen en un ecosistema.

Biotopo (del griego «bios»: vida, y «topos»: lugar). Medio físico en donde se asientan los organismos de un ecosistema.

Botánica (del griego «botane»: relativo a hierba). Ciencia que estudia las plantas.

Bráctea. Hoja modificada en cuya axila sale una flor o una inflorescencia.

Brotación. Desarrollo de las yemas de madera.

Brote. Formación herbácea de las plantas leñosas originada al desarrollarse una yema de madera.

Bulbo. Tallo corto subterráneo del que nacen yemas y hojas carnosas rodeadas de otras protectoras. Actúa como órgano perenne para la multiplicación vegetativa.

Cabezuela. Inflorescencia formada por varias flores sentadas que nacen sobre un receptáculo ancho.

Cadena trófica (del griego «trofos»: alimento). Serie de organismos relacionados sucesivamente por la alimentación.

Caduco. Que pierde las hojas en una determinada estación del año.

Cáliz (del griego «calix»: envoltura). La envoltura más exterior de la flor. Está formada por el conjunto de sépalos.

Cambium (del latín «cambiare»: intercambiar). Meristema secundario que origina los vasos leñosos hacia el centro y los vasos liberianos hacia fuera.

Caña. Tallo aéreo cilíndrico con los nudos muy marcados.

Capítulo. Cabezuela.

Cápsula. Fruto policárpico, seco y dehiscente.

Cariópside. Fruto monocárpico, seco, indehiscente y de una sola semilla.

Carpelo (del griego «carpos»: fruto). Organo reproductor femenino de la flor —constituidos por ovario, estilo y estigma—, que contiene uno o más óvulos dentro del ovario.

Catabolismo (del griego «cata»: abajo, y «ballein»: echar). Fase destructiva del metabolismo, consistente en degradar sustancias complejas a otras más simples, con liberación de energía.

Célula (del latín «cellulla»: celdilla). Unidad estructural básica de los seres vivos, capaz de realizar las funciones necesarias para la vida.

Cigoto (del griego «cigos»: pareja). Célula diploide originada por la unión de dos gametos.

Cima. Inflorescencia en la cual cada ápice terminal de crecimiento produce una flor, al igual que los ejes secundarios situados a su costado.

Citoquinina. Fitohormona cuyo papel fundamental consiste en activar la división celular.

Climaterio. Período de la maduración del fruto en el cual se produce un aumento súbito de la respiración.

Clímax. Ultima etapa en la sucesión ecológica, en donde se alcanza el máximo grado de estabilidad.

Clon. Conjunto de individuos idénticos desde el punto de vista genético, que derivan de otro por multiplicación asexual.

Clorofila (del griego «cloros»: verde, y «phillon»: hoja). Pigmento de color verde que existe en las hojas y demás partes verdes de los vegetales.

Cloroplasto (del griego «cloros»: verde y, «plastos»: formador). Corpúsculo que elabora clorofila.

Clorosis. Disminución de la cantidad de clorofila.

Competencia. Interacción entre dos especies o entre individuos de la misma especie, en donde unos tienen algún efecto negativo sobre otros.

Comunidad. Conjunto de especies que comparten el mismo medio ambiente y se relacionan entre sí.

Conífera (del latín «conus»: piña de pino, y «ferre»: llevar). Arbol que contiene conos.

Cono. Estructura reproductora de las gimnospermas.

Consumidor. Organismo que aprovecha la materia orgánica de los productores.

Contaminación. Acción y efecto de añadir elementos indeseables a un ecosistema.

Contaminante. Producto indeseable que degrada la calidad del medio.

Corimbo. Inflorescencia en donde los pedúnculos de las flores salen de distintos puntos del eje y llegan a la misma altura.

Corola (del latín «corola»: pequeña corona). Segunda envoltura de la flor. Está formada por el conjunto de pétalos.

Corteza. Conjunto de todos los tejidos externos al cambium vascular.

Cotiledón. Primera hoja o pareja de hojas del embrión dentro de la semilla. Por lo general tiene por función almacenar sustancias de reserva.

Criptógama (del griego «criptos», y «gamos»: unión). Planta que tiene los órganos reproductores ocultos.

Cromoplasto (del griego «cromo»: color, y «plastos»: formador). Orgánulo que elabora sustancias de diversos colores.

Cromosoma (del griego «cromo»: color, y «soma»: cuerpo). Estructura celular compuesta de una molécula de ADN y sus proteínas asociadas. En los organismos superiores es observable al microscopio óptico durante el proceso de división celular.

Cromosomas homólogos. Cada uno de los dos cromosomas semejantes.

Cutícula. Capa exterior de la epidermis.

Dehiscencia (del latín «dehiscere»: abrirse). Apertura de una antera o de un fruto para dar salida, respectivamente, a los granos de polen o las semillas.

Depredador. Organismo que devora total o parcialmente a otros.

Descomponedor. Organismo de un ecosistema que descompone la materia orgánica en moléculas de menor tamaño.

Dicotiledónea. Planta angiosperma cuya semilla tiene dos cotiledones.

Diferenciación. Proceso del desarrollo mediante el cual una célula indiferenciada se transforma en una célula especializada para realizar determinadas funciones.

Dioica (del griego «di»: dos, y «oicos»: casa). Especie que tiene individuos con flores masculinas e individuos con flores femeninas.

Diploide (del griego «diplos»: doble). Célula, individuo o especie que tiene dos copias de la dotación cromosómica base (2n).

Diseminación. Dispersión de la semilla.

Dominante. Alelo cuyo efecto fenotípico se expresa en el híbrido entre dos progenitores homocigóticos.

Dormición. Estado en el que el crecimiento de una planta completa o de un determinado órgano de ella queda interrumpido temporalmente.

Drupa. Fruto monocárpico, carnoso, indehiscente y con una sola semilla.

Duramen. Xilema secundario que ocupa los anillos más internos, por debajo de la albura. Sus células han perdido la misión de transporte.

Ecología (del griego «oicos»: casa, y «logos»: tratado). Ciencia que estudia los seres vivos en su ambiente y las relaciones que mantienen entre ellos y con el medio donde viven.

Ecosistema. Conjunto formado por los seres vivos de una comunidad y el espacio donde viven y se relacionan.

Embrión. Componente de la semilla, que al desarrollarse da lugar a una nueva planta.

Endosperma (del griego «endo»: dentro, y «esperma»: semilla). Tejido de reserva de la semilla.

Entrenudo. Zona del tallo comprendida entre dos nudos.

Envés. Cara inferior del limbo de la hoja.

Enzima (del griego «en»: dentro de, y «zime»: fermento). Catalizador de origen biológico que acelera reacciones específicas en vivo con gran efectividad, permaneciendo inalterable durante el proceso.

Enzima de restricción. Enzima específico capaz de cortar la cadena de ADN en lugares determinados.

Epidermis (del griego «epi»: sobre, y «derma»: piel). Tejido de recubrimiento del cuerpo primario.

Erosión. Extracción de elementos deseables de un ecosistema.

Escama. Hoja pequeña, a menudo membranosa, que suele recubrir algunos órganos (yemas, bulbos, etc.).

Especie. Conjunto de individuos que se parecen entre sí, tanto como se parecen a sus ascendientes y a sus descendientes.

Espermafita (del griego «esperma»: semilla, y «phiton»: planta). Planta que se reproduce por semilla. Fanerógama.

Espiga. Inflorescencia formada por varias flores sentadas que se insertan a lo largo de un eje alargado.

Espofito (del griego «espora»: semilla, y «phiton»: planta). Fase diploide productora de esporas en un ciclo caracterizado por una alternancia de generaciones.

Esqueje. Estaca de planta herbácea.

Estaca. Trozo de tallo joven provisto de yemas separado de la planta madre.

Estambre (del latín «estamen»: hilo). Organo reproductor masculino de la flor. Consta de una antera dispuesta sobre un pedúnculo.

Estigma. Parte superior del pistilo, que está destinada a recibir los granos de polen.

Estilo (del griego «estilos»: columna). Tejido en forma de columna que se desarrolla por encima del ovario, y a través de la cual crece el tubo polínico.

Estolón. Tallo aéreo rastrero, que puede formar raíces adventicias.

Estoma (del griego «estoma»: boca). Pequeña abertura situada en la epidermis de las hojas y de los tallos, a través de la cual circulan los gases.

Eucariota (del griego «eu»: verdadero, y «carion»: núcleo). Célula que posee núcleo y orgánulos definidos. Organismo formado por este tipo de células.

F_1, F_2, F_3. Primera, segunda y tercera generación filial, respectivamente.

Fanerógama (del griego «phaneros»: visible, y «gamos»: unión). Plantas provistas de flores, o sea de órganos reproductores visibles.

Fecundación. Unión de dos gametos de distinto sexo.

Fecundación cruzada. Unión de dos gametos formados en individuos distintos.

Felógeno (del griego «phellos»: corcho, y «genea»: origen). Meristema secundario que origina un tejido protector hacia el exterior y un parénquina de corteza hacia el interior.

Fenotipo (del griego «phaino»: aparecer, y «tipo»: tipo). Apariencia física de un organismo, que resulta de la interacción entre el genotipo y el medio ambiente.

Fermentación (del latín «fervere»: hervir). Proceso de descomposición de compuestos orgánicos, sin intervención del oxígeno.

Fisiología. Estudio de las actividades y procesos de los organismos vivos.

Fitocromo (del griego «phiton»: planta, y «cromo»: color). Pigmento que interviene en los procesos fisiológicos regulados por la luz.

Fitófago (del griego «phiton»: planta, y «phagein»: comer). Organismo heterótrofo que se alimenta de tejidos vegetales.

Fitohormona (del griego «phiton»: planta). Sustancia que en pequeña cantidad promueve, inhibe o modifica cualitativamente el desarrollo de las plantas.

Floema (del griego «phloios»: corteza). Tejido conductor de los productos elaborados en la fotosíntesis.

Flor. Estructura reproductora de las angiospermas.

Floración. Desarrollo de las yemas de flor.

Folíolo (del latín «foliolum», diminutivo de «folium»: hoja). Cada una de las porciones que componen el limbo de una hoja compuesta.

Fotoautótrofo (del griego «photos»: luz, «auto»: por sí mismo, y «trophos»: alimento). Autótrofo que utiliza como fuente de energía la luz solar.

Fotoperiodismo (del griego «photos»: luz). Respuesta de las plantas a la duración del día y de la noche.

Fotoperíodo (del griego «photos»: luz). Duración del período diario de luz.

Fotorrespiración. Proceso respiratorio semejante a la respiración, pero a diferencia de esta última va acoplado a la fotosíntesis y no genera ATP.

Fotosíntesis (del griego «photos»: luz, y «síntesis»: agrupar). Formación o síntesis de materia orgánica a partir de sustancias minerales, mediante la utilización de la energía luminosa en presencia de la clorofila.

Fruto. Ovario fecundado y maduro, que contiene las semillas.

Gameto (del griego «gamete»: esposo). Célula reproductiva haploide, masculina o femenina.

Gametofito (del griego «gamete»: esposo, y «phiton»: planta). Fase haploide en la que se producen los gametos, en un ciclo caracterizado por una alternancia de generaciones.

Gen (del griego «genos»: origen). Unidad física y funcional de la información genética de un individuo, que se transmite a la descendencia. Consiste en un segmento de ADN.

Genoma. Material genético contenido en la dotación cromosómica básica.

Genotipo (del griego «genos»: engendrar, y «tipos»: tipo). Conjunto de genes de una célula o de un individuo.

Giberelina. Fitohormona cuyo efecto principal consiste en estimular el crecimiento longitudinal del tallo.

Gimnosperma (del griego «gimnos»: desnudo, y «esperma»: semilla). Planta que tiene los óvulos a descubierto.

Granos de polen (del latín «polen»: flor de harina). Gametofito femenino de las plantas vasculares.

Gutación (del latín «gutare»: gotear). Expulsión de agua a través de las hidatodos.

Hábitat. Entorno en donde vive una especie.

Haploide (del griego «haplos»: sencillo). Célula, individuo o especie que tiene una sola copia de la dotación cromosómica base (n).

Haz. Cara superior del limbo de una hoja.

Herbicida (del latín «herba»: hierba, y «caedere»: matar). Sustancia química que destruye las malas hierbas.

Herbívoro (del latín «herba»: hierba, y «vorare»: comer). Fitófago de gran tamaño.

Herencia. Transmisión de la información genética de un ser vivo a su descendencia.

Hermafrofita (del griego «hermaphroditos»: que participa de los dos sexos). Flor que contiene los dos sexos.

Hesperidio. Fruto policárpico, carnoso e indehiscente.

Heterocigótico (del griego «heteros»: diferente). Que lleva dos alelos distintos en el mismo locus de los dos cromosomas homólogos.

Heterótrofo (del griego «heteros»: otro, y «trophos»: alimento). Organismo que se alimenta de sustancias procedentes de otros seres vivientes, vivos o muertes.

Hidatodo (del griego «hidatodes»: acuoso). Estructura localizada en las hojas que secreta agua con muy pocas sustancias disueltas.

Hierba. Planta que no presenta tejidos leñosos persistentes.

Hoja. Organo aéreo cuya función principal es la fotosíntesis.

Homocigótico (del griego «homo»: igual). Que lleva el mismo alelo en el mismo locus de los dos cromosomas homólogos.

Hospedador. Individuo que resulta perjudicado en el parasitismo.

In vitro. En medio artificial; en laboratorio.

Indehiscente. Que no se abre para liberar polen o semillas.

Inflorescencia. Conjunto de flores que salen de un mismo brote.

Infrutescencia. Fruto procedente de una inflorescencia. Fruto compuesto.

Injerto. Unión de dos individuos en la cual una porción de uno de ellos (injerto) se inserta en el otro (patrón) de tal modo que pueden continuar en desarrollo posterior como planta única.

Latencia. Crecimiento suspendido en el cual la planta entera o alguna parte de ella no empiezan a crecer de nuevo si no se dan unas determinadas condiciones ambientales.

Látex. Secreción cuya misión consiste en proteger a la planta del ataque de los fitófagos.

Laticífero (del latín «latex»: líquido, y «ferre»: llevar). Tejido secretor de látex.

Legumbre. Fruto monocárpico, seco, dehiscente y con varias semillas.

Leño. Conjunto de vasos leñosos. Xilema.

Leucoplasto (del griego «leucos»: blanco, y «plastos»: formador). Orgánulo que elabora sustancias de color blanco.

Líber. Conjunto de vasos liberianos. Floema.

Limbo. Parte ensanchada de la hoja.

Línea pura. Conjunto de individuos que son homocigotos para un determinado carácter, que se perpetúa en la descendencia cuando se cruzan entre ellos.

Locus (plural *loci).* Posición que ocupa un gen determinado en un cromosoma.

Marcescente. Hoja caduca que no se desprende inmediatamente después de secarse.

Medio ambiente. Conjunto de circunstancias que rodean a un ser vivo.

Meiosis (del griego «meiosis»: disminución). Proceso de división celular en el que cada una de las dos células hijas contiene la mitad de cromosomas que la célula madre.

Meiospora (del griego «meiosis»: disminución, y «espora»: semilla). Célula hija haploide resultante de la división meiótica.

Meristema (del griego «mericein»: dividir, y «estema»: tejido). Tejido vegetal a partir del cual se forman nuevas células.

Metabolismo (del griego «metabole»: cambio). Conjunto de procesos que tienen lugar en los seres vivos, mediante los cuales la materia procedente del mundo exterior se incorpora a la materia viva.

Micorriza (del griego «mikes»: hongo, y «riza»: raíz). Asociación simbiótica entre ciertos hongos y las raíces de algunas plantas.

Mitocondria (del griego «mitos»: filamento, y «condrion»: gránulo). Orgánulo celular responsable de la respiración aerobia.

Mitosis (del griego «mitos»: hebra). Proceso de división celular en el que cada una de las células hijas contiene el mismo número de cromosomas que la célula madre.

Monera (del griego «monere»: simple). Reino que comprende a las bacterias, organismos procariotas.

Monocárpico (del griego «mono»: uno, y «carpos»: fruto). Que fructifica una sola vez y muere después de fructificar.

Monocarpo (del griego «mono»: uno, y «carpos»: fruto). Fruto procedente de un solo carpelo (con ovario único).

Monocotiledónea. Planta angiosperma cuya semilla tiene un solo cotiledón.

Monoica (del griego «mono»: uno, y «oicos»: casa). Especie en la que todos sus individuos tienen flores masculinas y flores femeninas.

Monospermo (del griego «mono»: uno, y «esperma»: semilla). Fruto que contiene una sola semilla.

Morfología (del griego «morphe»: forme, y «logos»: tratado). Estudio de la forma y desarrollo de los seres vivos.

Mutación (del latín «mutare»: cambiar). Cambio brusco en un gen, de una forma alélida a otra.

Mutágeno (del latín «mutare»: cambiar, y del griego «genaio»: producir). Agente que provoca una mutación.

Mutualismo. Relación recíproca entre dos organismos de distinta especie, mediante la cual ambos resultan beneficiados.

Néctar (del griego «néctar»: bebida de los dioses). Líquido azucarado que segregan unas glándulas de las flores, con el fin de atraer a los insectos polinizadores.

Nicho ecológico. Forma característica que tiene cada especie de procurarse el sustento.

Núcleo. Orgánulo de la célula eucariota que contiene los cromosomas.

Nudo. Sitio del tallo en donde se insertan las hojas.

Organo. Estructura compuesta por distintos tejidos (tal como la raíz, el tallo, la hoja o las piezas florales).

Ovario. Parte del pistilo en donde se encuentran los óvulos.

Ovocélula. Gameto femenino de las plantas vasculares.

Ovulo (del latín «ovolum»: huevo pequeño). Estructura de las plantas con semilla que contiene el gametofito femenino con la ovocélula.

Parasitismo (del griego «para»: al lado, y «sitos»: comida). Individuo que vive a expensas de otro y que no recibe a cambio ningún beneficio.

Pared celular. Capa externa, rígida, de las células de las plantas.

Parénquima (del griego «parenchima»: sustancia de relleno). Tejido muy variado que realiza funciones diversas: el parénquima clorofílico realiza la fotosíntesis, el parénquima de almacenamiento almacena diversas sustancias, el parénquima aerífero almacena aire, etc.

Partenocarpia (del griego «partenos»: virgen, y «carpos»: fruto). Desarrollo del fruto sin que haya habido fecundación previa del óvulo.

Pecíolo. El rabo de la hoja.

Pedúnculo. Rabillo de una flor o de una inflorescencia.

Pepónide. Fruto policárpico, carnoso e indehiscente.

Perenne (del latín «per»: a través, y «annus»: año). Planta que persiste y produce estructuras reproductoras año tras año.

Pétalo. Cada una de las hojas modificadas que constituyen la corola.

Pistilo (del latín «pistillum»: mano de mortero). Organo floral femenino de las plantas formado por uno o varios carpelos. Carpelo.

Plancton (del griego «plactos»: errante). Conjunto de organismos (animales y vegetales) de pequeño tamaño, que viven en suspensión en el agua y a merced de ella.

Planta transgénica. Planta modificada genéticamente mediante técnicas de ingeniería genética.

Plasto (del griego «plastos»: formador). Orgánulo de la célula vegetal que elabora diversas sustancias.

Población. Conjunto de individuos de la misma especie que viven en un área determinada y están ligados a un mismo ambiente.

Policárpico (del griego «polis»: muchos, y «carpos»: fruto). Fruto procedente de un ovario único que tiene varios carpelos.

Polinización. Traslado de los granos de polen desde las anteras hasta el estigma de un carpelo.

Poliploide (del griego «polis»: varios). Organismo, tejido o célula que contiene más de dos juegos completos de cromosomas.

Polispermo (del griego «polis»: varios, y «esperma»: semilla). Fruto que contiene varias semillas.

Pomo. Fruto policárpico, carnoso e indehiscente.

Procariota (del griego «pro»: antes, y «carión»: núcleo). Organismo unicelular cuya célula no tiene el núcleo definido.

Productor. Organismo que es capaz de captar y aprovechar la energía solar.

Propagación asexual. Aquélla en que no intervienen gametos. Propagación vegetativa.

Propagación vegetativa. Propagación asexual.

Propágulo (del latín «propago»: renuevo). Porción de tejido vegetativo que sirve para la propagación asexual de los vegetales.

Protista (del griego «protos»: primero). Reino que comprende a diversos organismos eucariotas unicelulares o pluricelulares.

Protoplasma (del griego «protos»: primero, y «plasma»: sustancia). Sustancia viva de todas las células, excluidos sus orgánulos.

Protoplasto (del griego «protos»: primero, y «plastos»: formado). Célula vegetal excluida la pared celular.

Quimioautótrofo (del griego «quimio»: mezcla de jugos, «auto»: por sí mismo, y «trophos»: alimento). Autótrofo que utiliza como fuente de energía determinadas reacciones químicas que parten de un sustrato inorgánico.

Racimo (del latín «racemus»: manojo de uvas). Inflorescencia formada por varias flores con pedúnculo que se insertan a lo largo de un eje alargado.

Radícula. Parte del embrión que originará la raíz de la nueva planta.

Raíz (del griego «rhiza»: raíz). Organo de las plantas vasculares, por lo general subterráneo, mediante el cual se fija al suelo y absorbe agua y elementos minerales.

Receptáculo. Parte superior del pedúnculo floral en donde se asientan los órganos florales.

Recesivo. Alelo cuyo efecto fenotípico no se expresa en el híbrido entre dos progenitores homocigóticos.

Renuevo. Brote que procede de una yema adventicia situada en la raíz. Retoño.

Residuo. Materias o formas de energía que quedan en el ambiente como resultado de procesos de producción, consumo, metabolismo, etc.

Respiración (del latín «respiratio»: respirar). Oxidación de la materia orgánica en presencia de oxígeno.

Retoño. Renuevo.

Ribosoma. Orgánulo celular responsable de la síntesis de proteínas.

Rizoma. Tallo subterráneo con escamas, raíces adventicias y yemas.

Roseta. Planta con el tallo muy corto, en donde todas las hojas salen junto al suelo.

Semilla. El óvulo maduro después de la fecundación.

Sépalo (del latín «sepalum»: cubierta). Cada una de las hojas modificadas que constituyen el cáliz.

Secrección. Síntesis, acumulación o liberación de sustancias que no se incorporan al ciclo metabólico fundamental.

Sentada: Flor que carece de pedúnculo.

Simbiosis (del griego «sin»: con, y «bios»: vida). Mutualismo muy íntimo, a menudo permanente y obligatorio.

Simplasto (del griego «sin»: junto con, y «plastos»: formador). Sistema formado por los protoplastos de todas las células de un tejido u órgano, comunicados entre sí a través de discontinuidades en la pared celular.

Síntesis. Formación de una sustancia más compleja a partir de otras más simples.

Sistema radical. Conjunto de las raíces de una planta.

Sistemática. Estudio de la diversidad de los organismos y de sus relaciones.

Sucesión ecológica. Sucesión de comunidades que se establecen a lo largo del tiempo en un ecosistema.

Tallo. Parte aérea (por lo general) de las plantas vasculares, en donde se sitúan las yemas y las hojas.

Tejido. Conjunto de células que tienen un origen común, una organización similar y desarrollan unas funciones determinadas.

Totipotente. Tejido o célula que es capaz de formar cualquier estructura de la planta.

Transpiración. Pérdida de vapor de agua a través de distintas partes de la planta; la mayor parte tiene lugar a través de los estomas.

Tronco. Tallo aéreo ramificado.

Tubérculo. Porción de un tallo subterráneo que almacena gran cantidad de reservas.

Umbela (del latín «umbella»: sombrilla). Inflorescencia formada por varias flores con pedúnculo que se insertan en el extremo de un eje, y todas ellas alcanzan la misma altura, a modo de sombrilla.

Vacuola. Orgánulo de la célula vegetal que almacena agua y diversas sustancias.

Vernalización. Adquirir la capacidad de iniciar o acelerar la floración mediante el estímulo del frío.

Virus. Carente de estructura celular y compuesto de una o varias moléculas de ácido nucleico.

Vivaz. Planta cuyos órganos subterráneos son perennes, mientras que los órganos aéreos se renuevan todos los años.

Xilema (del griego «xilon»: madera). Tejido vascular a través del cual se conduce el agua y las sales minerales.

Yema (del latín «gemma»: brote). Estructura meristemática que da lugar a los órganos aéreos de la planta.

Yema floral. Origina una flor o una inflorescencia.

Yema mixta. Origina un tallo con hojas y flores.

Yema vegetativa. Origina un tallo con hojas.

Zarcillo (del latín «circillus»: círculo pequeño). Hoja modificada o tallo modificado que se enrolla y ayuda al sostén de los tallos.

BIBLIOGRAFÍA CONSULTADA

- *Anatomía vegetal.* (1998). L. Gil Sánchez. Ed. E.T.S. de Ingenieros de Montes.
- *Apuntes de citología-histología de las plantas.* (1997). R. Alvarez Nogal. Ed. Universidad de León.
- *Introducción a la fisiología vegetal.* (1994). F. Pérez García y J.B. Martínez Laborda. Ed. Mundi-Prensa.
- *Fisiología vegetal.* (1992). J. Barceló, G. Nicolás, B. Sabater y R. Sánchez. Ed. Paraninfo.
- *Botánica.* (1997). J. Izco, E. Barreno y otros. Ed. Mc. Graw Hill Interamericana.
- *Biología de las plantas.* (1991-1992). P.H. Raven, R.F. Evert y S.E. Eichorn. Ed. Reverté.
- *El reino vegetal.* (1987). R.E. Seagel y R.J. Bandoni. Ed. Omega.
- *Historia natural. Botánica.* (1985). B. Fernández Ruiz, C. Vicente y B. Valdés. Ed. Correggio.
- *Introducción a la mejora genética vegetal.* (1999). J.L. Cubero. Ed. Mundi-Prensa.
- *La tercera revolución verde.* (1998). F. García Olmedo. Ed. Debate.
- *Una visión sobre la investigación y el desarrollo en el siglo XXI.* (2000). N.E. Borlang y C. Dowswell.
- *Ecología.* (1992). R. Margalef. Ed. Planeta.

- *Más allá de los límites del crecimiento.* (1992). D. Meadow y J. Readers. Ed. País Aguilar.
- *Nuestros árboles forestales.* (1968). M. Rodríguez y J.M. Ferrer. Ed. Ministerio de Agricultura.
- *Arboles y arbustos.* (1979). J. Ruiz de la Torre. Ed. E.T.S. de Ingenieros de Montes.